캐릭터로 배우는

재미있는

Wonderful Life with The ELEMENTS

원소 생활

캐릭터로 배우는
재미있는

원소생활

Wonderful Life with The ELEMENTS

요리후지 분페 지음
나성은 · 공영태 옮김

BooksHill
이치사이언스

INTRODUCTION

들어가는 말

헬륨 가스를 "흡!" 하고 힘껏 들이마시면 어떻게 되는지 아세요?
도날드 덕(Donald Duck) 효과라고 불리는 고음의 오리 소리가 나요.
하지만 시중에서 파는 작은 헬륨풍선 정도로는 곧바로 원래 목소리로 돌아오고 말아요.
미대생 시절에 작품 제작을 위해서 대형 헬륨 가스통을 구입했는데, 문득

헬륨 가스통을 직접 사용하면 이상한 소리를 훨씬 잘 낼 수 있지 않을까?

하는 위험한 호기심이 발동, 곧바로 실험에 들어갔지요.
숨을 모두 내뱉은 다음, 가스통을 열고 있는 힘껏 헬륨 가스를 들이마신 순간
갑자기 눈앞이 캄캄해지고 입만 뻐끔뻐끔할 뿐 숨조차 제대로 쉴 수 없었어요.
게다가 온몸이 점점 차가워지는 것 같았지요.
나중에 알았지만 헬륨 가스통에 들어 있는 헬륨은 순도가 상당히 높기 때문에
많은 양을 한꺼번에 흡입할 경우, 질식으로 사망할 수도 있다고 해요.
그러니까 절대 따라하지 마세요. 요주의!
당시 작품실에는 오직 혼자뿐. 있는 힘을 다해서 창밖을 향해 소리 질렀지요.

싸라 사러 (사람 살려) ~ (←하이 소프라노)

뭐야. 이 괴상한 소리는!
헬륨 가스를 마시는 것은 두 가지 이유에서 위험하답니다.
하나는 질식사할 수 있고, 또 하나는 아무리 애타게 도움을 청해도
괴상한 소리만 나니까 주변 사람들은 장난인 줄 안다는 거예요.

1
후———
2
끽—끽—
꾸울꺽~
3
흐—
읍———
4
어질
어질
5
?!
앞이?
안보여…
6
헥
헥
헥
유,
웅이…
웅이…

일반인들이 일상생활에서 원소를 의식하는 일은 거의 없어요.

'원소를 잘 알면 인기가 있다'라는 말도 들어 보지 못했고요(반대는 있을 수 있겠지만).

책상을 보면서 '탄소'를 느껴봐라 해도 절대로 무리! 무리!

원소? 뭐가 뭔지 잘 모르겠다.

원래 원자나 전자라는 게 워낙 작아서 현미경으로도 잘 보이지 않아요.

이 작고 복잡한 세계를 112개로 나누는 것 자체가 억지 같기도 한데요.

원소에는 우주의 핵심에 가까워지는 순수함과 매력이 있어요.

생활 속에서 원소를 느끼기에는 너무 작고,

주변의 것들로 설명하기에는 너무 방대하지만 말이죠.

지금쯤 원소에 대해 흥미를 느끼는 분이 있을 거예요.

이 책에서는 원소를 보다 재미있고, 보다 알기 쉽게 꾸며 보았어요.

원소에 대해 자세히 알고 싶다는 마음에 굳이 이유를 달 필요는 없겠지요?

그림도 함께 즐기면서 읽어 주세요.

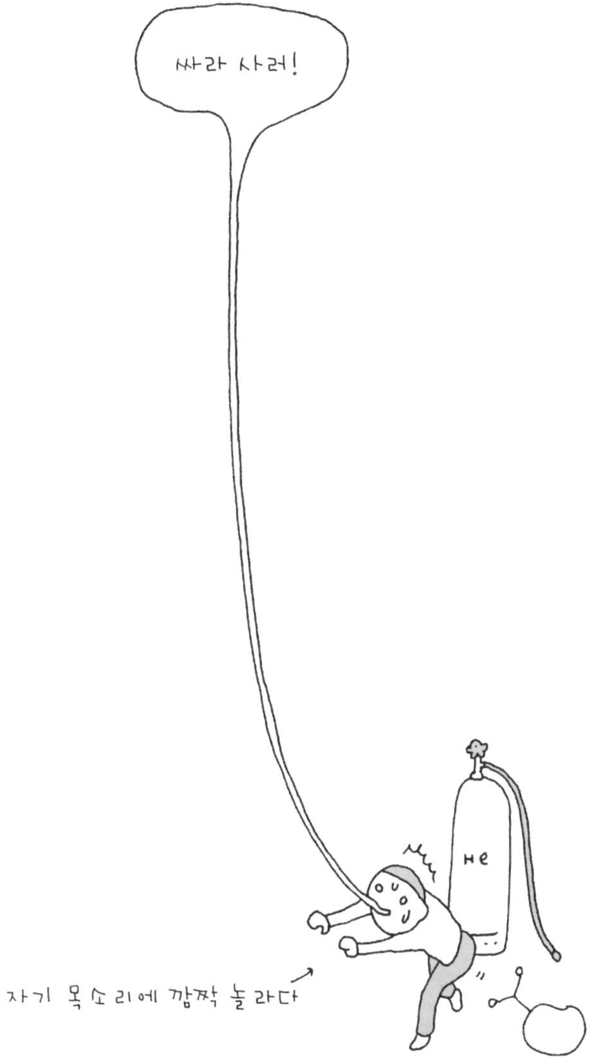

* 다행히 본래의 목소리로 곧 돌아왔다.

COLUMN

CONTENTS

Book Design: Yorifuji Bunpei + Kitatani Ayaka

1

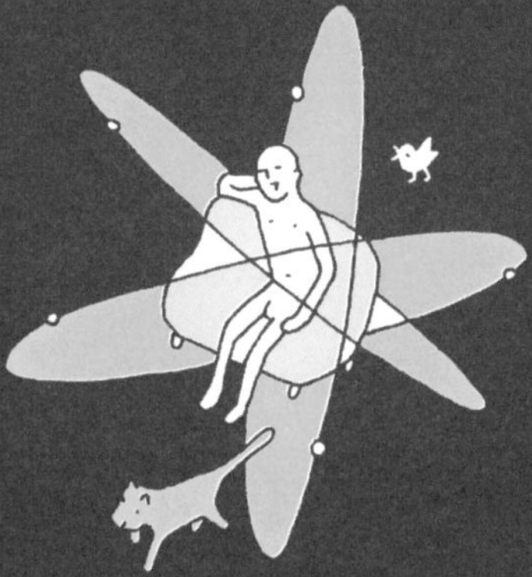

ELEMENTS IN THE LIVING ROOM

생활 속의 원소

우주를 구성하는 원소

ELEMENTS OF THE UNIVERSE

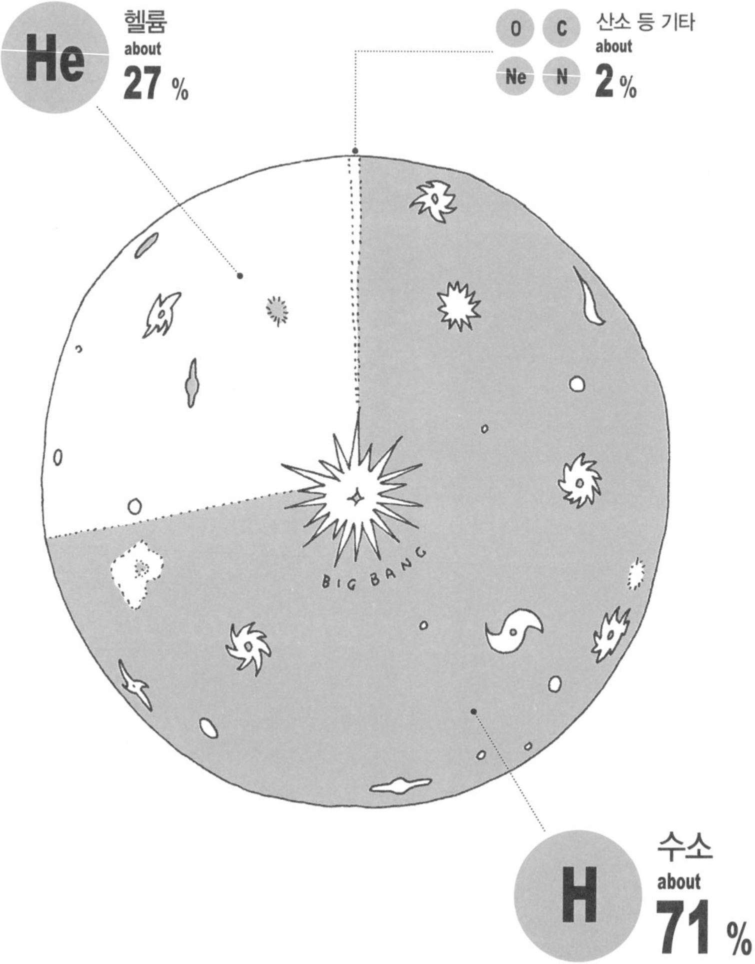

태양을 구성하는 원소

ELEMENTS OF THE SUN

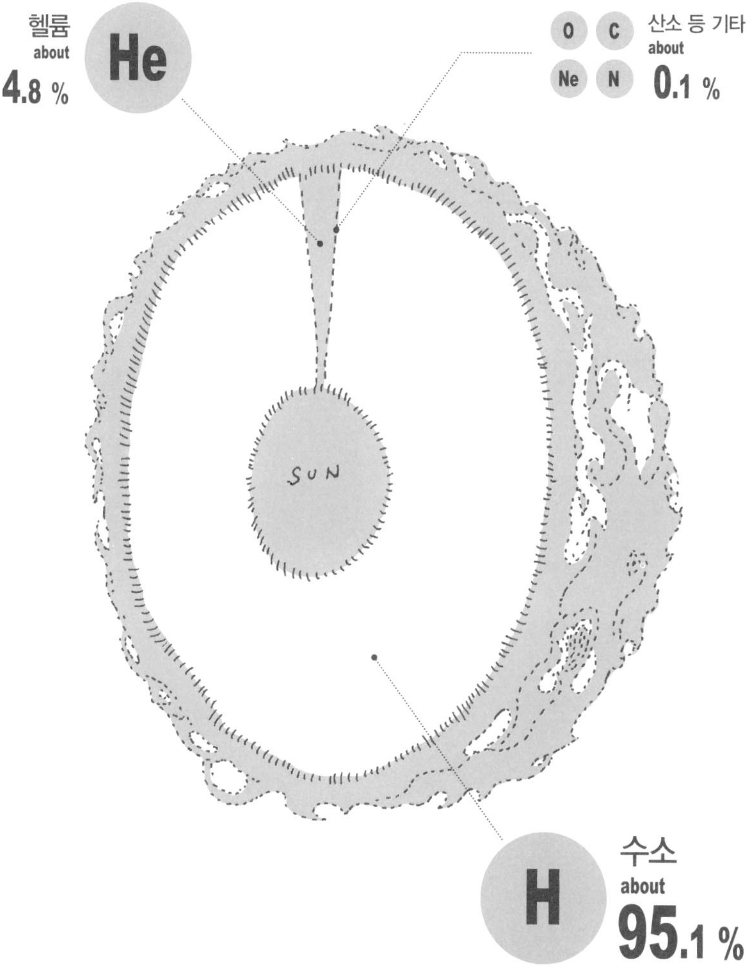

지구를 구성하는 원소
ELEMENTS OF THE EARTH

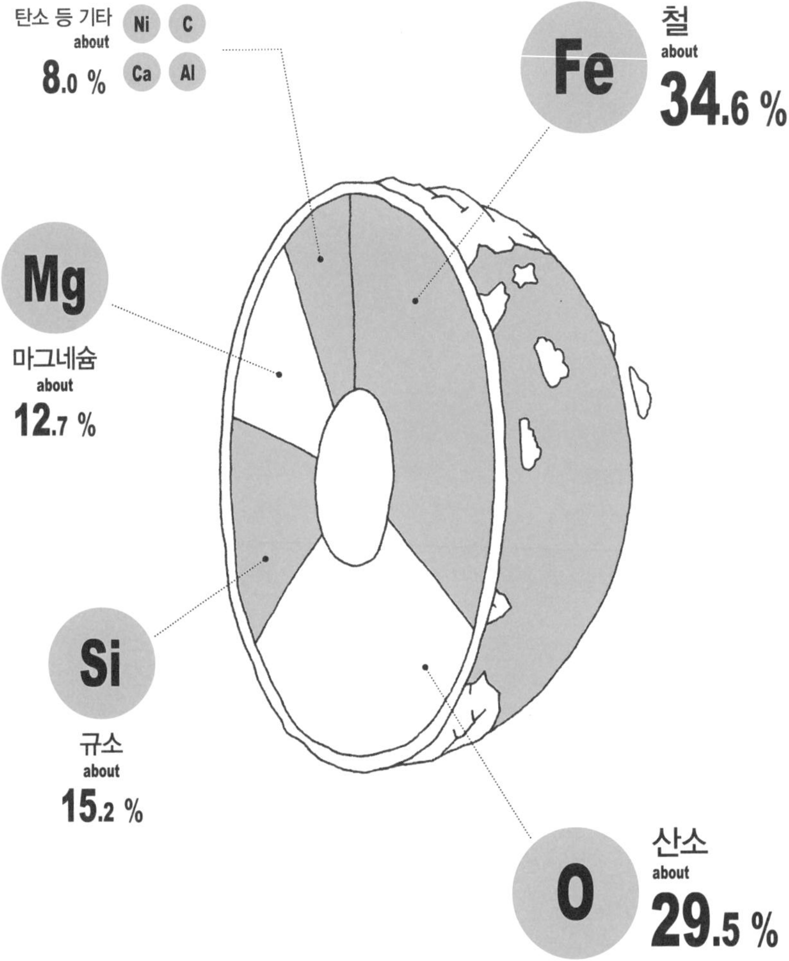

지각을 구성하는 원소
ELEMENTS OF THE EARTH'S CRUST

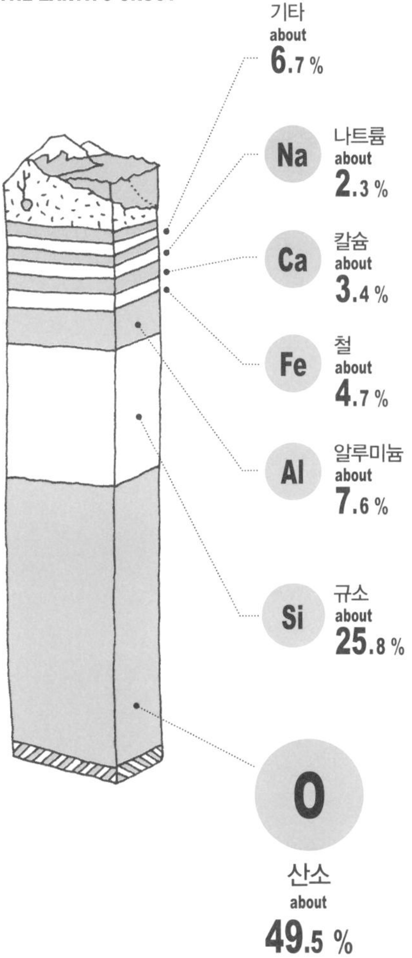

바닷물을 구성하는 원소
ELEMENTS OF SEAWATER

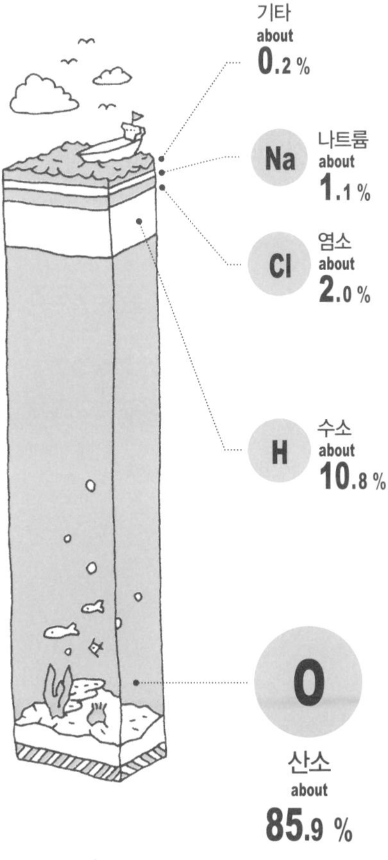

우주라든지 지구라든지 스케일이 큰 이야기를 다룰 땐 원소가 딱 제격이에요.
생활 속에서 원소를 찾으려면 오히려 어렵지만요.
수십억 년 동안 지구의 원소는 크게 변하지 않았어요.
사람이 오랜 세월 동안 태어나고 죽고를 반복한 것과 원소는 별로 관계가 없어요.

환경 문제도 원소의 눈으로 보면 아무 걱정 없다.

오존층에 구멍이 뚫려도, 대기 중의 이산화탄소 농도가 증가해도,
그건 단순히 원소들의 조합이 바뀐 것에 불과해요.
행성이 충돌한다든지, 핵폭발과 같은 대사건이 발생하지 않는 한
원소 자체에는 변화가 생기지 않아요.
만일 그런 대사건이 일어난다면 생활이고 뭐고 아예 존재하지도 않을 걸요.
이처럼 원소와 생활은 스케일의 척도에서 많이 다른 것 같아요.

하지만 원소 자체의 변화는 없더라도
1만 년 전과 비교했을 때 생활 속의 원소는 놀랍도록 바뀌었어요.
대략적인 변화를 살펴볼까요?

C H O

N P S

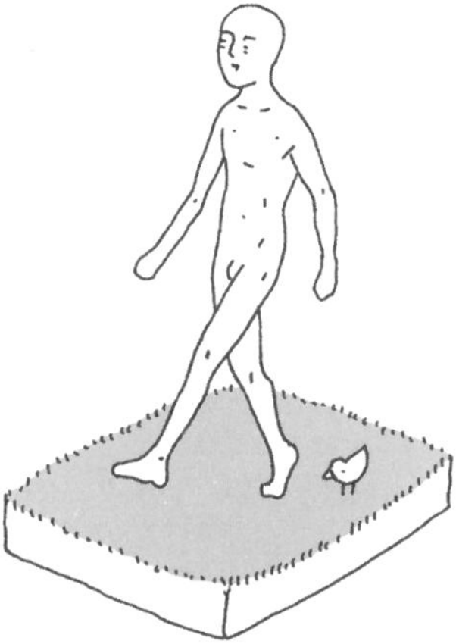

LIVE

살다

=

C H O

N P S

DEAD

죽다

변화 없음

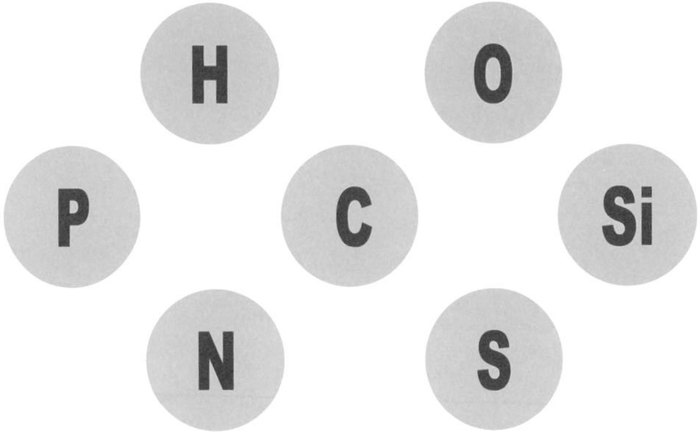
H
O
P
C
Si
N
S

원시 생활

PRIMITIVE TIMES

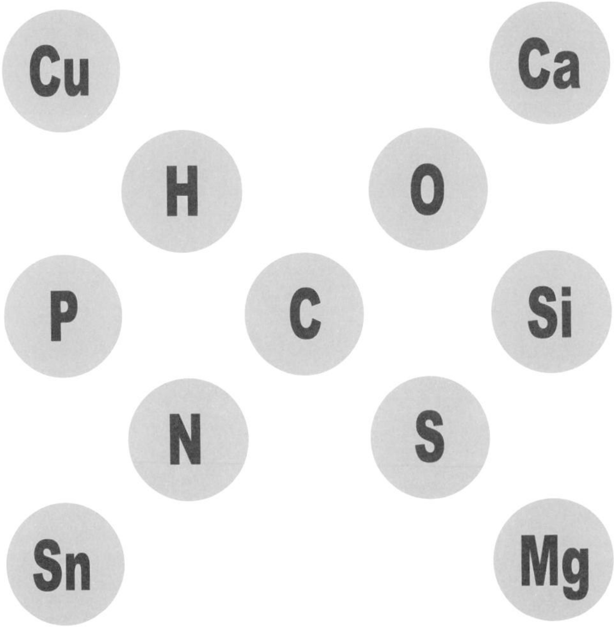
Cu
Ca
H
O
P
C
Si
N
S
Sn
Mg

고대 생활

ANCIENT TIMES

Al Fe Au

H O

P C Si

N S

Cu Ca Mg

Ag Co

중세 생활

MEDIEVAL TIMES

As Fe W

Ru Zr In Sb

Al Cu Au

Ga H O Nd

P C Si

Li N S Hg

Br Ca Mg

Mn Co Ta Te

Mo Pb Kr

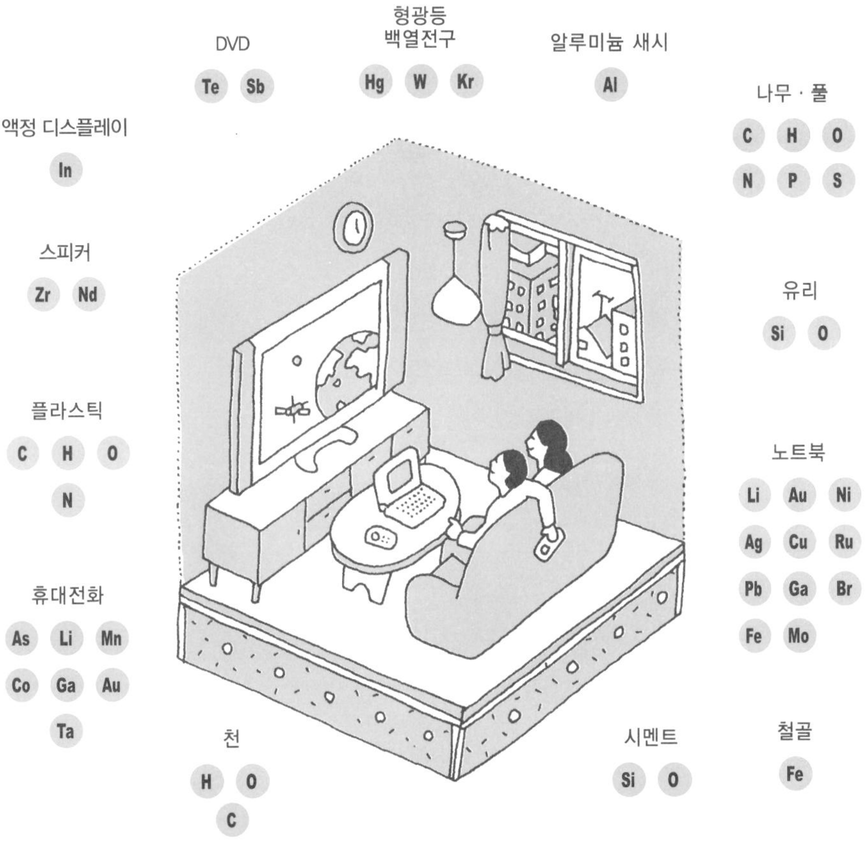
DVD
Te Sb
형광등
백열전구
Hg W Kr
알루미늄 새시
Al
나무 · 풀
C H O
N P S
액정 디스플레이
In
스피커
Zr Nd
유리
Si O
플라스틱
C H O
N
노트북
Li Au Ni
Ag Cu Ru
Pb Ga Br
Fe Mo
휴대전화
As Li Mn
Co Ga Au
Ta
천
H O
C
시멘트
Si O
철골
Fe

현대 생활

TODAY

생활공간 안에서 원소의 종류는 약 1만 년 동안 점점 증가했어요.
특히 최근 50년 사이에 급격하게 늘어났다고 할 수 있지요.
그 수가 원시시대의 5배, 근대의 2배에 달해요.

전 세계의 원소들이 생활 속에 밀집해 있다.

액정 TV에 사용되는 '인듐(In)'은 주로 중국에서 수입해요. 또 플라스틱이나 비닐은
중동의 땅속에 있던 석유, 다시 말해서 '탄소'로 만들어졌어요.
인터넷이 보급되면서 세계 속의 생활공간은
'구리(전선)'와 '이산화규소(광섬유)'의 망으로 연결되었어요.
그 안을 전자와 빛이 휙– 휙– 날아다니고 있는 거지요.
다양한 원소가 이처럼 활발하게 오가는 시대는
지구가 생긴 이래 아마 처음이 아닐까요?

흔히 글로벌이라고 하면 금융이나 정치를 떠올리기 쉬운데,
원소야말로 최고의 글로벌 주자랍니다.
세상이 원소로 이어져 있기 때문이죠.

전 세계의 원소가 생활 속으로

괜찮으시겠어요?
싹뚝 싹뚝
할 수 없죠. 직업이니까.

2

SUPER PERIODIC TABLE OF THE ELEMENTS
슈퍼 원소주기율표

원소주기율표

PERIODIC TABLE OF THE ELEMENTS

원소는 'H(수소)'나 'F(플루오린)' 등의 원소기호로 나타내요.
가로행은 '주기', 세로열은 '족'이라고 해요.
'Ln(란탄계열)'와 'An(악티늄계열)'은 한 장소에
많은 원소가 밀집해 있어서 아래 칸에 따로 둔답니다.
원소주기율표의 구조만 잘 이해한다면
원소의 세계가 훨씬 알기 쉬워져요.

주기／족	1	2	3	4	5	6	7	8	9
1	H								
2	Li	Be							
3	Na	Mg							
4	K	Ca	Sc	Ti	V	Cr	Mn	Fe	Co
5	Rb	Sr	Y	Zr	Nb	Mo	Tc	Ru	Rh
6	Cs	Ba	Ln	Hf	Ta	W	Re	Os	Ir
7	Fr	Ra	An	Rf	Db	Sg	Bh	Hs	Mt

Ln =	La	Ce	Pr	Nd	Pm	Sm	Eu
An =	Ac	Th	Pa	U	Np	Pu	Am

								He
			B	C	N	O	F	Ne
			Al	Si	P	S	Cl	Ar
Ni	Cu	Zn	Ga	Ge	As	Se	Br	Kr
Pd	Ag	Cd	In	Sn	Sb	Te	I	Xe
Pt	Au	Hg	Tl	Pb	Bi	Po	At	Rn
Ds	Rg	Cn	Uut	Uuq	Uup	Uuh	Uus	Uuo
10	11	12	13	14	15	16	17	18

Gd	Tb	Dy	Ho	Er	Tm	Yb	Lu
Cm	Bk	Cf	Es	Fm	Md	No	Lr

혹시, 원소기호를 힘들게 외운 기억 없나요?

'Liebe(리베: 연인이여)'는 Li(리튬)과 Be(베릴륨)을,

'BCNOFNE(배, 꽤, 넘, 폼나에)'는 B(붕소), C(탄소), …… 등의

원소기호를 외우기 위한 암기법이에요.

이것은 암기를 위한 의미 없는 단어의 나열일 뿐

원소는 원래 물체를 각각의 성질에 따라서 분류하기 위해 고안된 방법이에요.

지금은 원자핵 속의 양성자 수를 기준으로 분류하고 있는데,

이는 양성자 수가 전자의 수를 결정하고, 전자 수가 원자의 속성을 결정해

결과적으로 서로 각 원소의 성질을 결정하기 때문이에요.

그래서 원소주기율표가 필요하다.

원소주기율표는 오랫동안 과학자들의 지혜가 결집된 대단한 표예요.

한번 힐끗 봐서는 잘 모르겠지만요.

그래서 원소의 나열 순서뿐만 아니라 그 성질에 주목해

알기 쉽고 재미있는 주기율표를 고안해 보았답니다.

Liebe (연인이여)!
BCNOFNE (배, 꽤, 넘, 퐁나에)!!
뭔 말이야?

일반적인 원자의 표시법

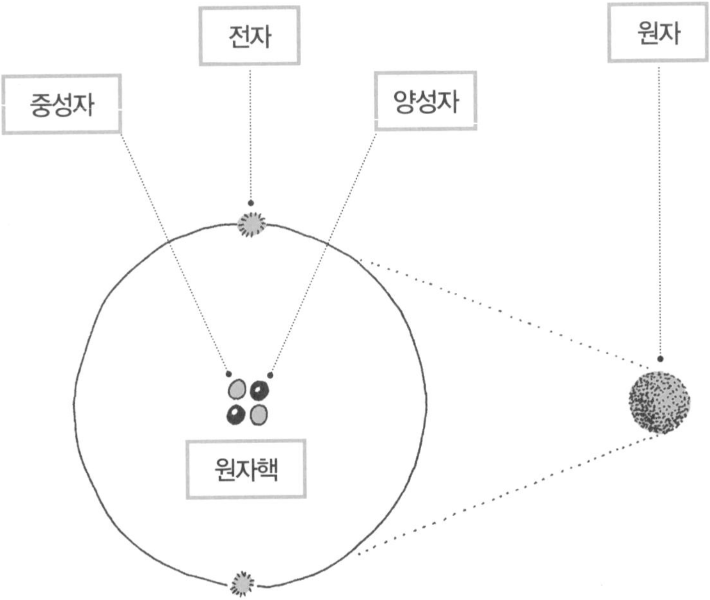

양성자 + 중성자 = 원자핵

원소는 원자의 종류를 나타내는 분류명이에요.
원자는 '원자핵'과 그 주위를 도는 '전자'로 이루어져 있어요.
그리고 원자핵은 '양성자'와 '중성자'로 이루어져 있답니다.
양성자는 +전하를, 전자는 – 전하를 띠고 있어
양성자와 같은 수만큼 전자를 가질 수 있어요.
실제의 전자는 '전자구름'이라 불리는 구름과 같은 상태로 존재합니다.
그림은 이것을 평면적으로 나타낸 거예요.

원자를 사람 얼굴로 나타내다

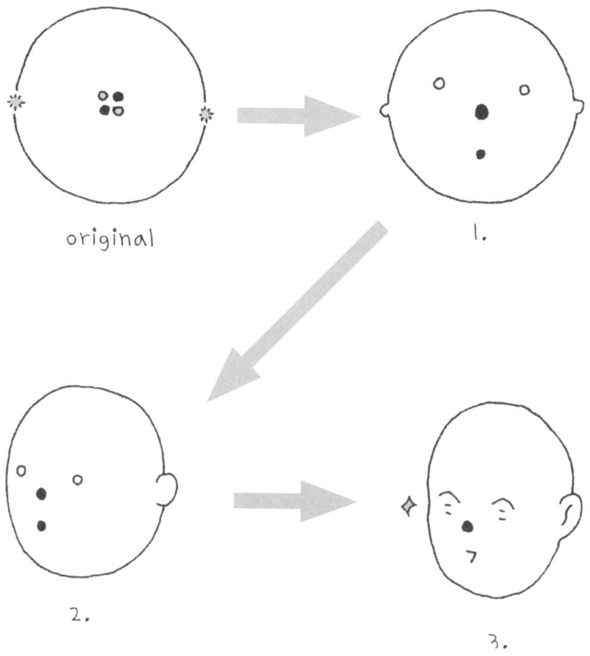

전자는 각각 '전자껍질'이라 불리는 껍질을 만드는데,
전자 수가 어느 정도 증가하면 바깥쪽에 새로운 껍질을 만들어요.
가장 바깥쪽의 전자껍질 속에 들어 있는 전자를 '최외각 전자'라고 부릅니다.
최외각 전자의 수가 원소의 성질을 결정하는데, 그 메커니즘은 상당히 복잡해요.
여기서는 주로 원소의 성질에 대해서 다룰 텐데요, 쉽게 이해하기 위해서 고안한 것이
바로 '원자를 사람 얼굴'로 표현한 거예요. 코가 원자핵이고 얼굴 전체가 원자예요.
처음에는 좀 낯설겠지만 이 얼굴을 기본으로 각 원소들의 성질에 대해서 살펴볼게요.

원소의 헤어스타일

HAIRSTYLE OF THE ELEMENTS

원소의 성질은 크게 14개 장르로 나눌 수 있어요.
주기율표의 세로열 '족'이 기본이에요. 같은 족끼리도 성질이 다를 수 있고,
반대로 다른 족임에도 성질이 비슷할 수 있기 때문에,
성질별로 내용을 정리해본 것이 다음의 14개 장르예요.
이들 장르에는 '알칼리금속' 혹은 '할로겐'이라는 이름이 붙어 있어요.
원자의 얼굴을 기준으로 각각의 장르를 헤어스타일로 나타내 보았어요.
성질을 이해하는 데 조금이나마 도움이 될 거예요.

알칼리금속

Alkali metals

살짝 붕~뜬 헤어스타일

제1족 원소들 가운데 수소를 제외한 6개 원소. 금속이지만 부드러워서 리튬(Li)이나 나트륨(Na)은 칼로도 자를 수 있어요. 밀도가 작기 때문에 물에 뜨는 것도 있고요. 산화되기 쉬우며, 표면은 쉽게 광택을 잃어요.

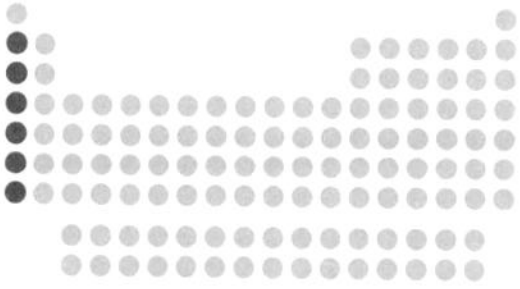

알칼리토금속

Alkaline earth metals

소박한 이미지 도련님 헤어스타일

주기율표상에서 왼쪽부터 두 번째 열에 위치하는 제2족에 속하는 금속원소. 반응성이 높으며, 공기 중의 산소나 물과 반응하지만, 알칼리금속만큼은 아니에요. 칼슘(Ca)이 대표격. '토금속'이란 말은 암석 속에 많이 존재하는 원소라는 의미예요.

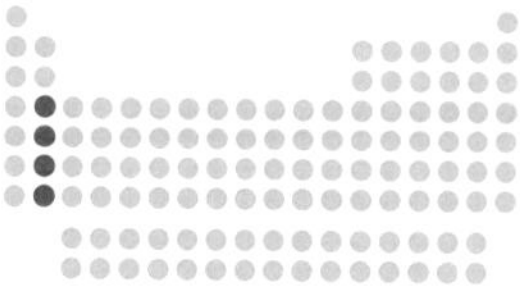

전이 금속

Transition Metals

원소의 다수파 샐러리맨 헤어스타일

제3족에서 제11족까지의 금속원소. 일반적으로 '금속'으로 불리는 대부분이 전이원소예요. 주기율표에서 서로 옆에 있는 원소들과 비슷한 성질을 갖는데, 그 수가 가장 많아요.

아연족

Group 12 Elements

금방 증발 펑크 헤어스타일

제12족 3개 원소의 총칭. 수은(Hg)은 아연(Zn)이나 카드뮴(Cd)과는 달리, 금속 중 유일하게 상온에서 액체예요. 이들은 증기압이 높고, 증발해 기체가 되기 쉽다는 약간의 공통적인 특징이 있어요.

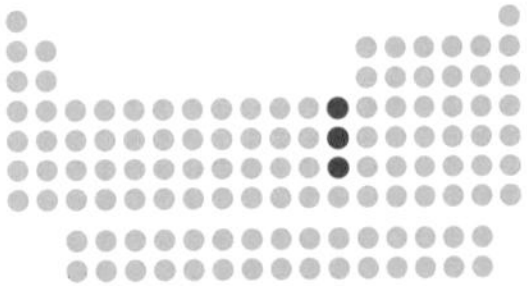

붕소족

Group 13 Elements

가볍고 세련 도토리 헤어스타일

제13족에 위치하는 원소. 알루미늄(Al)이 대표격으로 여러 방면에서 다양한 제품으로 사용되고 있어요. 붕소족이라는 좀 촌스러운 이름과 달리 갈륨(Ga), 인듐(In) 등 첨단 테크놀로지를 주도하는 금속 원소가 많아요.

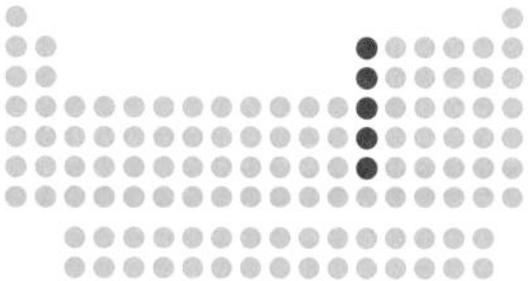

탄소족

Group 14 Elements

수재 원소 인텔리 헤어스타일

제14족에 위치하는 원소. 특히 탄소(C)는 여러 가지 원소와 결합하여 다양한 유기화합물로 존재해요. 규소(Si)는 반도체로서 활약하며, 지금은 좀 주춤하지만 납(Pb), 저마늄(Ge), 주석(Sn)과 같은 금속도 한때는 인기가 높았어요.

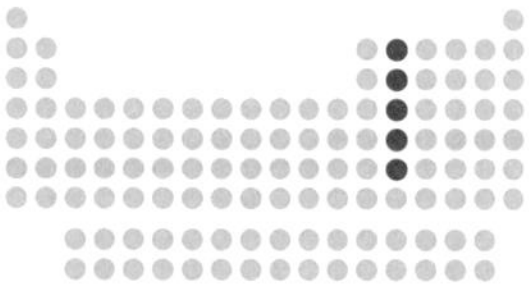

질소족

Group 15 Elements

평범한 것은 싫어!
닭볏 모양의 헤어스타일

제15족에 위치하는 5개의 원소. 질소(N)는 기체, 다른 원소들은 고체 상태로 존재해요. 질소는 결합이 강한 안정된 분자를 만드는데 대기의 약 80%를 차지하지요. 인(P), 비소(As)와 같이 약도 되고 독도 되는 원소가 많아요.

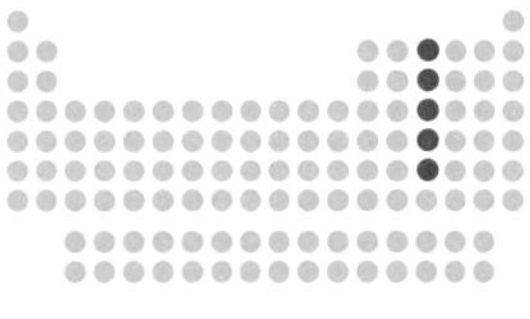

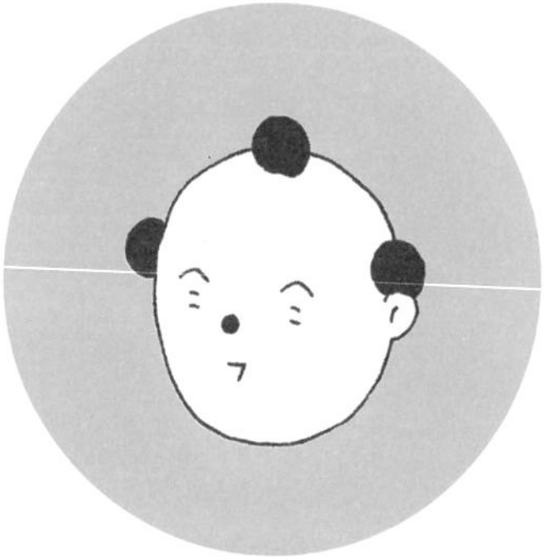

산소족

Group 16 Elements

어정뜬 대머리

제16족에 위치하는 5개 원소. 산소(O)만 성질이 달라요. 황(S), 셀레늄(Se), 텔루륨(Te)은 광석의 주성분이 되므로 '돌을 만든다'는 의미의 '칼코겐(chalcogens)'이라고도 불려요. 폴로늄(Po)은 방사성을 갖는 금속원소예요.

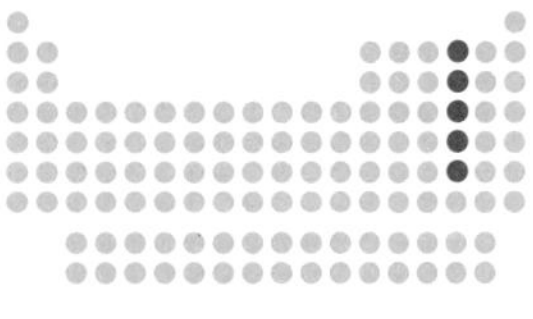

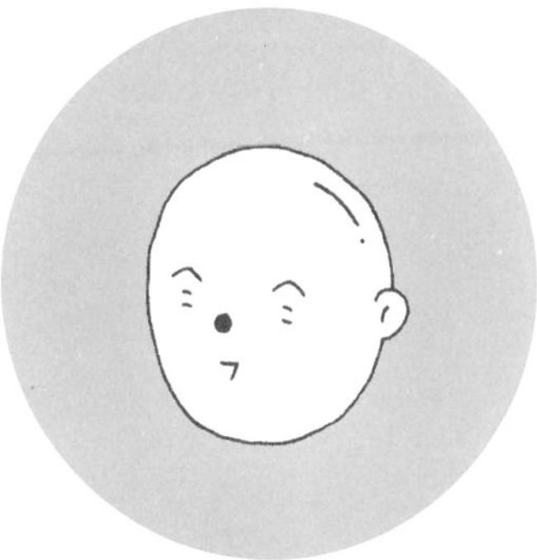

할로겐

Halogen

대머리

제17족에 위치하는 비금속원소. 상온에서 플루오린(F)과 염소(Cl)는 기체이며, 브로민(Br)은 액체, 아이오딘(I)과 아스타틴(At)은 고체로 다양해요. 반응성이 매우 높고, 알칼리금속 혹은 알칼리토금속과 결합하여 '염'을 만들어요.

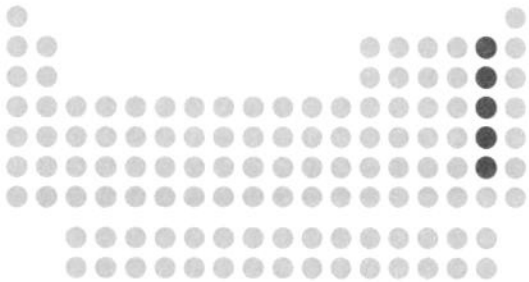

불활성 기체

Noble gases

독립적 독보적 북실북실 헤어스타일

제18족에 속하는 6개 원소. 구조가 가장 안정되어 있어서 다른 원소와 거의 반응하지 않아요. 끓는점과 녹는점이 낮으며, 특히 헬륨(He)은 절대 영도(−273.15℃)에서도 고체가 되지 않는 특징이 있어요. 드물기 때문에 희(希)류가스라고도 해요.

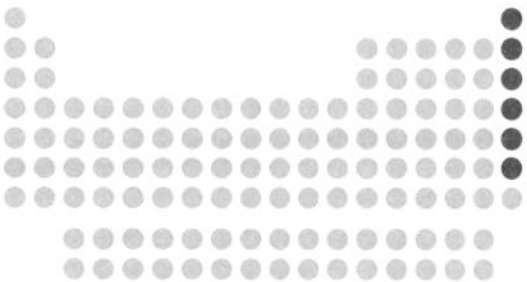

란탄계열

Lanthanoids

초희유금속
아톰 헤어스타일

주기율표에서 원자번호 57번 란타넘(La)부터 71번 루테튬(Lu)까지의 15원소. 드물다는 이유로 '희토류원소'라고도 불러요. 몇몇 원소는 성질이 무척 비슷해 분리하기가 곤란할 정도예요. 각각의 원소를 확인하는 데 무려 100년이나 걸렸대요.

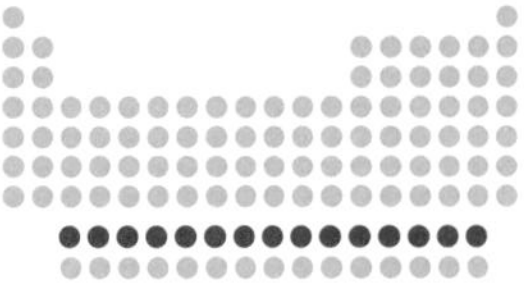

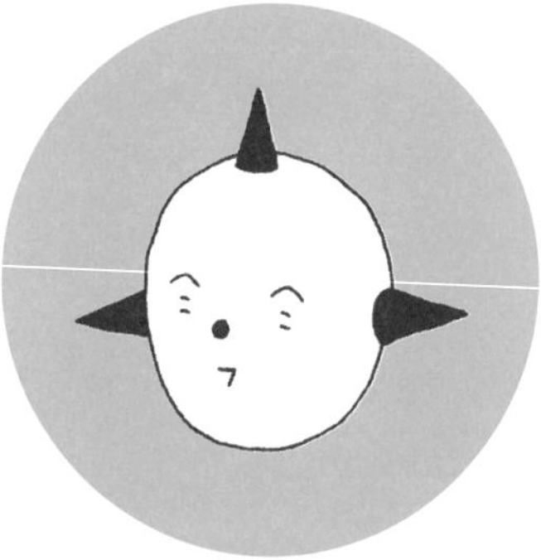

악티늄계열

Actinoids

대부분 인공합성
로봇 헤어스타일

주기율표에서 원자번호 89번 악티늄(Ac)부터 103번 로렌슘(Lr)까지 15원소의 총칭. 구조는 란탄계열과 상당히 비슷해요. 우라늄(U)보다 무거운 넵투늄(Np) 이후의 원소를 '초우라늄원소'라 부르는데, 대부분 인공적으로 합성된 원소예요.

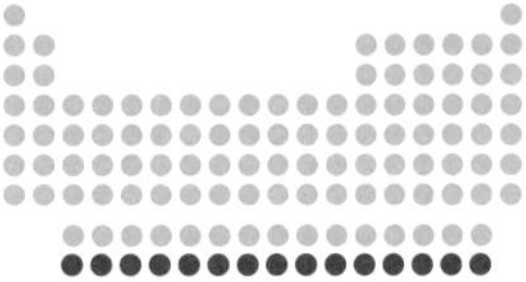

기타

Other Metals

거처가 없는 외계인 헤어스타일

제2족의 베릴륨(Be)과 마그네슘(Mg)은 알칼리토금속과 나란히 위치해요. 하지만, 불꽃반응에서 특수한 색이 나타나지 않는 등, 알칼리토금속과는 성질이 다르기 때문에 별도로 취급해요. 장르명도 없기 때문에 기타로 분류했어요.

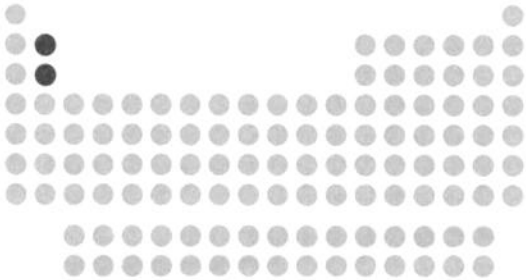

특별 그룹

Hydrogen, Unun series

최강의 '제왕'과 정체불명의 그룹

수소(H)는 가장 단순한 구조이면서 우주의 약 71%를 차지하는 '제왕'적 원소로 특별 그룹에 넣었어요. 또한 원자번호 113 이후부터 '우눈~'으로 시작되는 원소는 아직 자세한 성질이 알려지지 않았으므로, 역시 특별 그룹으로 분류했어요.

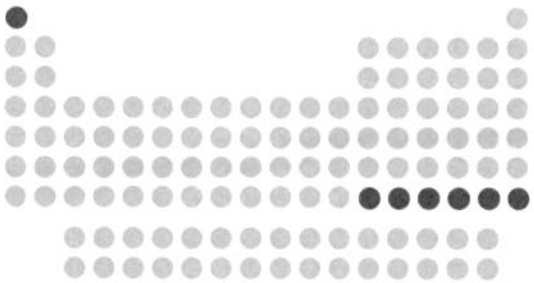

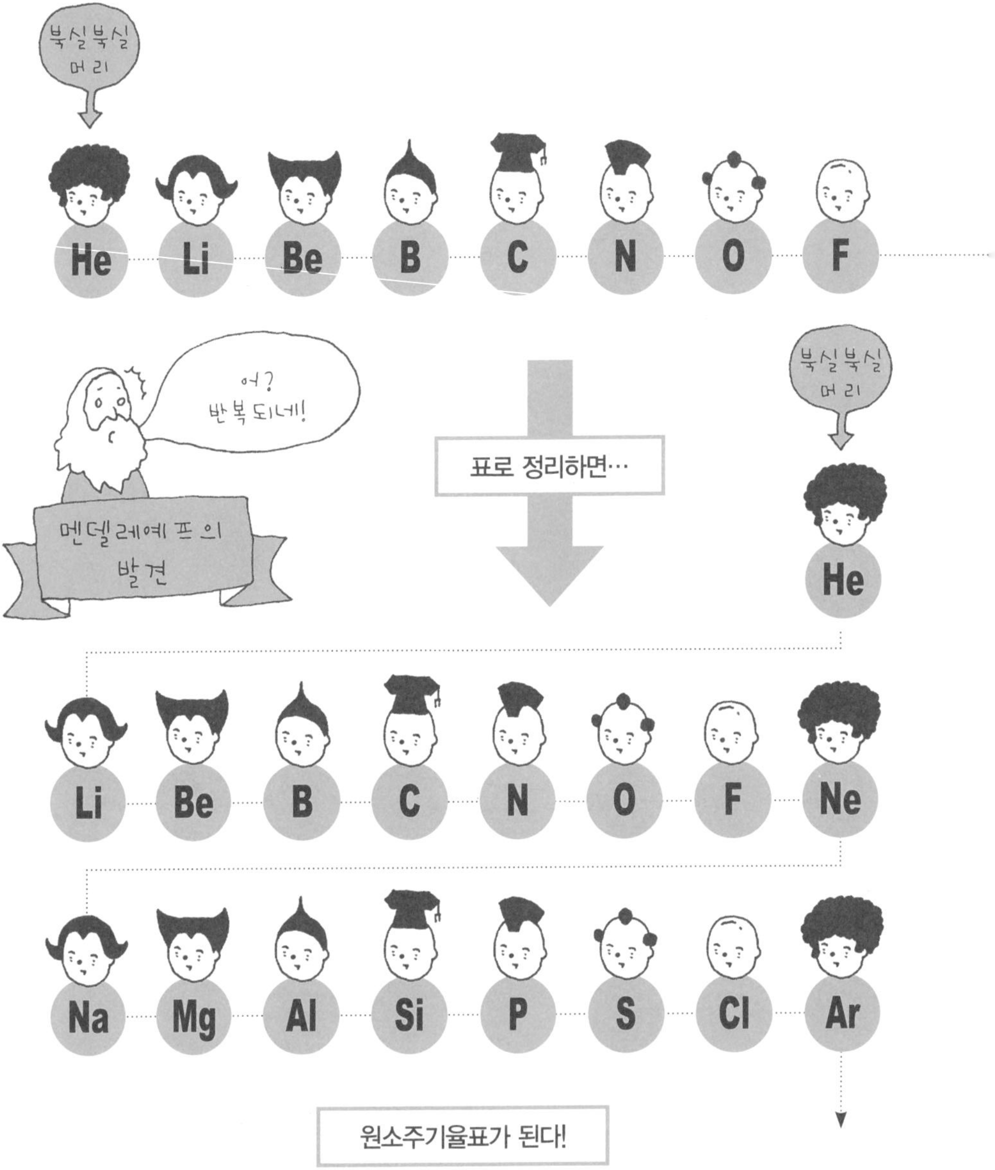
북실북실 머리
He
Li
Be
B
C
N
O
F
어? 반복되네!
멘델레예프의 발견
표로 정리하면…
북실북실 머리
He
Li
Be
B
C
N
O
F
Ne
Na
Mg
Al
Si
P
S
Cl
Ar
원소주기율표가 된다!

이상 14개의 장르를 헤어스타일로 나누어 봤어요.

자, 이번에는 원소를 일렬로 세워볼게요.

무게가 가벼운 쪽부터 순서대로 나열하면,

주기적으로 성질이 비슷한 원소가 나타난다.

이를 맨 처음 착안한 사람은 러시아의 과학자 멘델레예프였어요.
주기에 따라서 세로열에 비슷한 성질의 원소를 나열하고,
가로행이 아래로 갈수록 원소의 원자량이 크도록
표로 정리한 것이 멘델레예프의 원소주기율표예요.

그런데, 같은 장르의 원소라도 각각의 원소는
서로 다른 개성을 가지고 있어요.
한번 '쓱~' 훑어보기만 해도 한눈에 들어오는
편리한 주기율표가 있으면 얼마나 좋을까?
그래서 고안한 것이 이른바 '슈퍼 원소주기율표'예요.

고체 · 액체 · 기체를 몸으로 표현

solid / liquid / gas

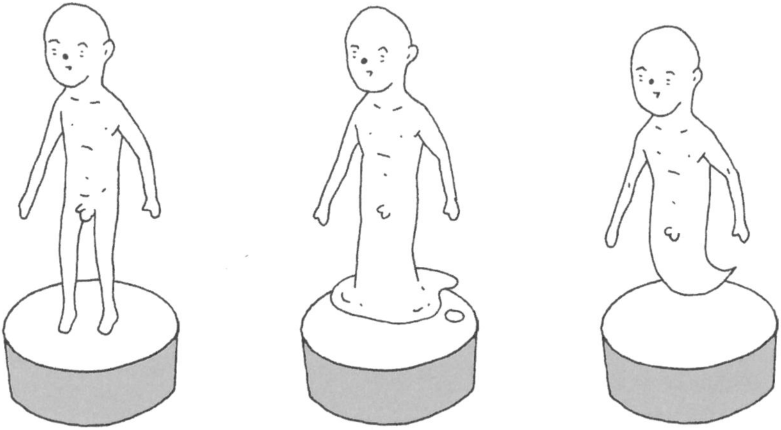

고체	액체	기체
SOLID	**LIQUID**	**GAS**

이번에는 얼굴뿐만 아니라 몸도 만들어 보았어요.

원소는 상온에서 기체인 것도 있고, 철처럼 고체인 것도 있으며,

수은처럼 액체인 원소도 있어요.

하반신의 모양을 보면 해당 원소가 보통 때 어떤 상태인지 알 수 있어요.

기체는 유령, 액체는 행성에서 온 외계인, 고체는 인간이에요.

하지만 액체 원소는 2개밖에 없으므로 기본은 고체와 기체예요.

원자량을 체중으로

mass

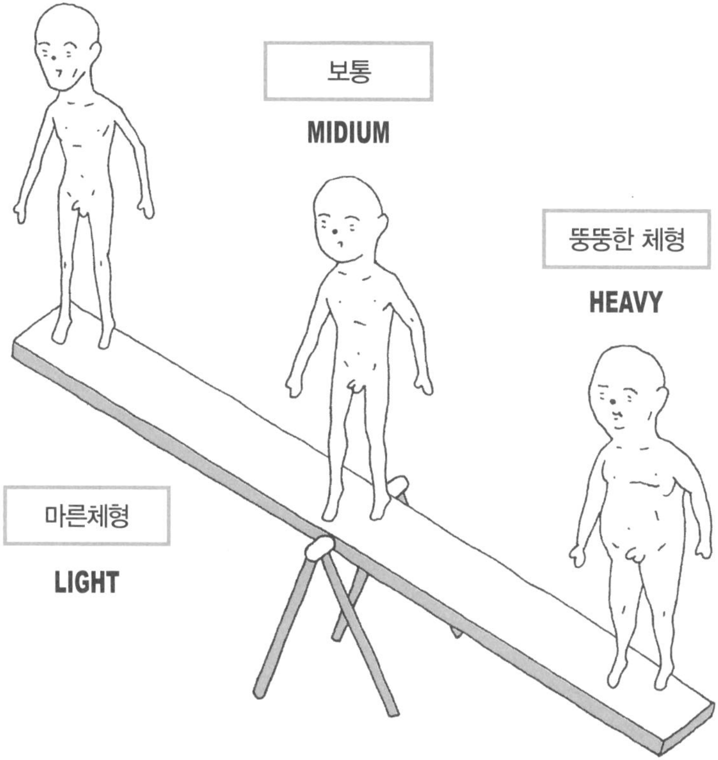

여기에서 무게는 '원자량'을 말해요.
원자량이란 탄소를 '12'라고 했을 때의 상대적 무게예요. 무슨 말인지 잘 모르겠다고요? 그래서 원자량을 사람의 체중으로 비유해 봤어요. 주기율표는 번호가 뒤로 갈수록 원자량이 커지기 때문에 원칙적으로 점점 뚱뚱해져요. 실제로 원자번호 1번인 수소(H)와 111번의 뢴트게늄(Rg)을 비교하면 약 270배나 차이가 난답니다.
여기서는 원자량을 정확하게 나타내기보다 느껴지는 인상으로 표현했어요.

발견된 연도를 나이로

discovery year

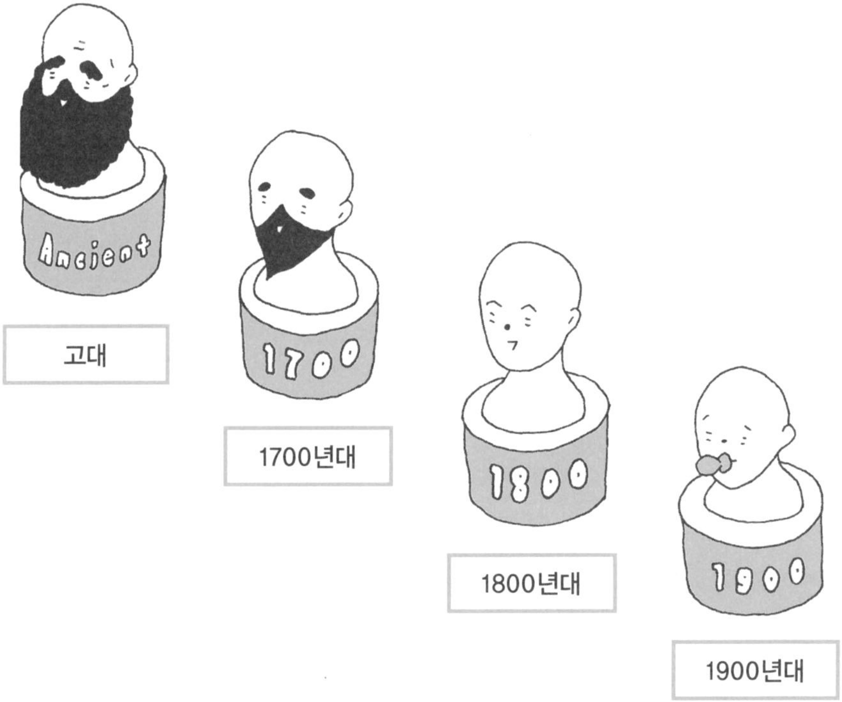

오랜 옛날부터 잘 알려진 원소도 있고,
최근에 발견된(합성된) 원소도 있어요.
원소가 발견된 연도를 나이로 나타내 봤는데,
대부분의 원소는 1800년대에 발견되었어요.
자세히 다루기에는 지면상 어렵기 때문에 크게 4단계로 나누었어요.

특수한 성질은 배경이나 옷으로

property

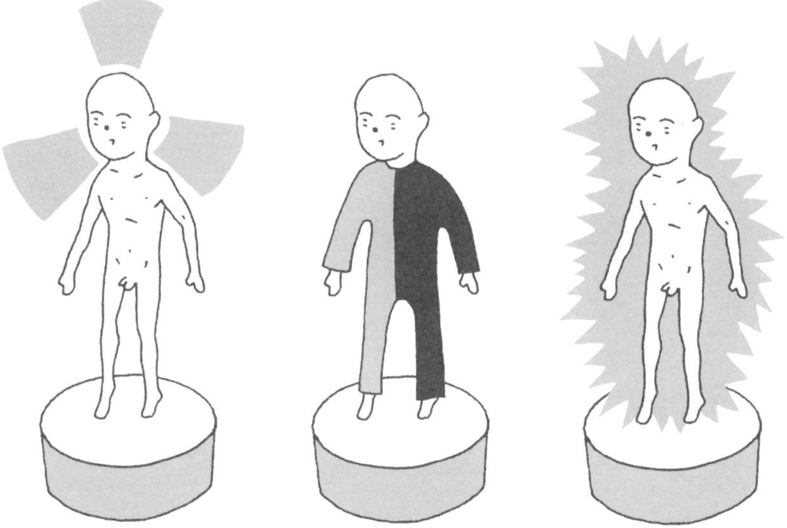

방사성

방사선을 내는 원소. 취급은 어렵지만 여러 분야에서 활약.

자력

강한 자력을 만드는 원소. S극과 N극의 두 가지 색으로 치장.

발광

야광 도료, 불꽃이나 광섬유 등 특징적인 '빛'을 살린 원소.

방사성 원소 및 빛을 발하는 원소, 강한 자력을 갖는 원소는
특별히 눈에 잘 띄게 했어요.
참고로 방사선 마크는
각각 알파선, 베타선, 감마선을 나타내요.
자력이 있는 원소는 알기 쉽게 2가지 색으로 표현했어요.

중요한 사용 용도는 복장으로

Main use of the elements

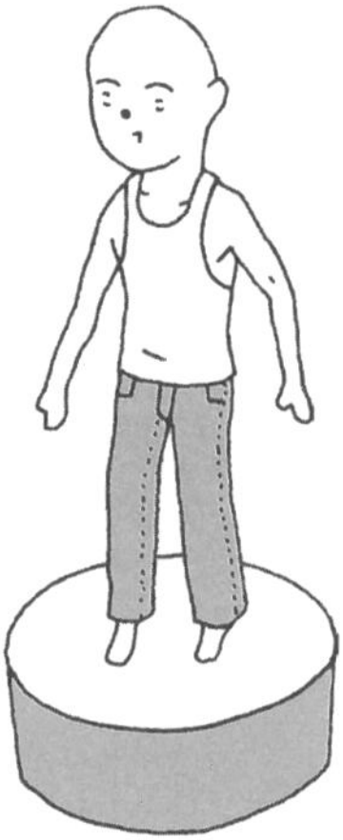

다목적

생활용, 공업용 등 다목적으로 잘 쓰이는 정통파 멀티 플레이어

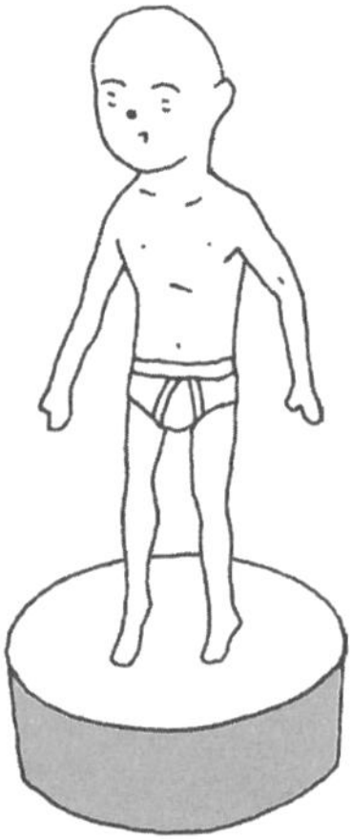

인체 미네랄

영양소로서 인체에 필요한 필수 미네랄 원소는 팬티 차림. 건강 우량아

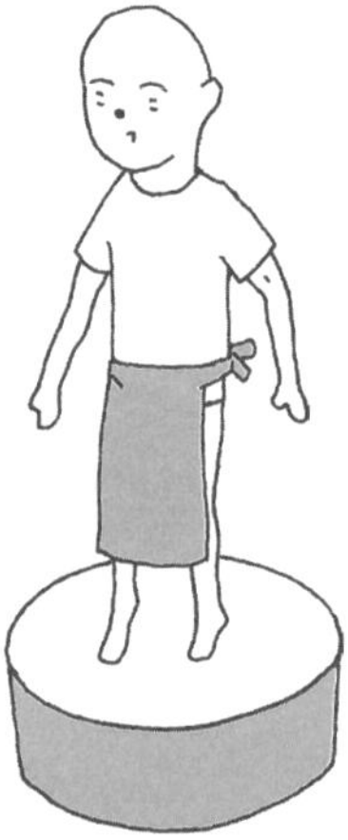

생활용

거실이나 부엌 등, 생활의 중심에서 활약하는 엄마 같은 원소

산업용

생활용품보다는 공업이나 산업 현장의 무대에서 열심히 뛰는 비즈니스맨

생활 속에서 자주 사용되는 원소도 있고, 주로 연구용으로 쓰이는 원소도 있어요.
이러한 원소의 활약을 복장으로 표현해 봤어요.
원소는 여러 가지 모습으로 다양한 장소에서 사용되고 있기 때문에
원소의 쓰임새를 한마디로 단언하기는 어렵지만,
대략적인 지표로 삼아주세요.

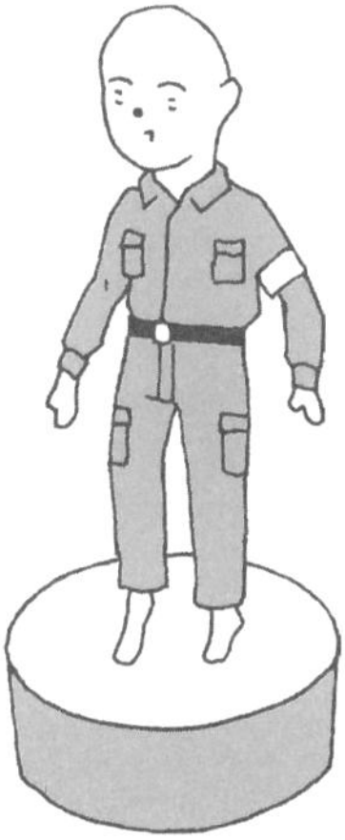

전문용

폭넓게 사용되기보다 한 가지 분야에서 우수성을 뽐내는 장인 정신

연구용

일반인들은 거의 사용하지 않으며, 아직 연구 과정에 있는 원소

인공

인공으로 만들어진 원소는 로봇 슈트, '건담'과 같은 소재를 사용

슈퍼 원소주기율표

SUPER PERIODIC TABLE OF ELEMENTS

이것이 바로 '슈퍼 원소주기율표'예요.
가로행은 아래로 갈수록 원소들이 뚱뚱해지고,
세로열은 같은 성질의 원소가 나열되어 있다는 것을 알 수 있어요.
슈퍼 원소주기율표는 원소의 무게와 성질을
한눈에 알아볼 수 있게 정리한 획기적인 표랍니다.

※ 책 마지막에 확대판 부록을 실었으니, 자세한 사항은 참고해 주세요.

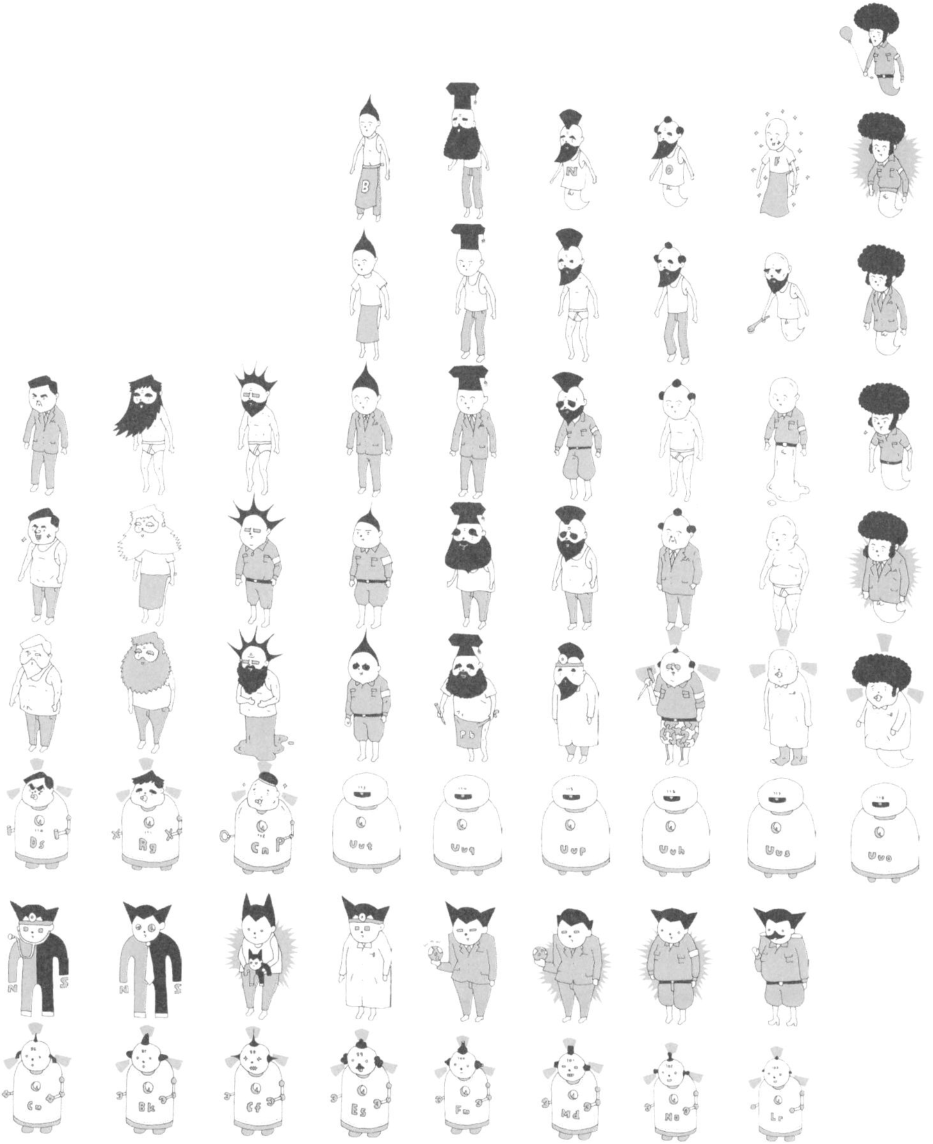
B
N
O
F
Pb
Ds
Rg
Cn
Uut
Uuq
Uup
Uuh
Uus
Uuo
N S
N S
Cm
Bk
Cf
Es
Fm
Md
No
Lr

왠지
재미있을
것 같아.
FITTING
Room
이제부터
시작이야…

3

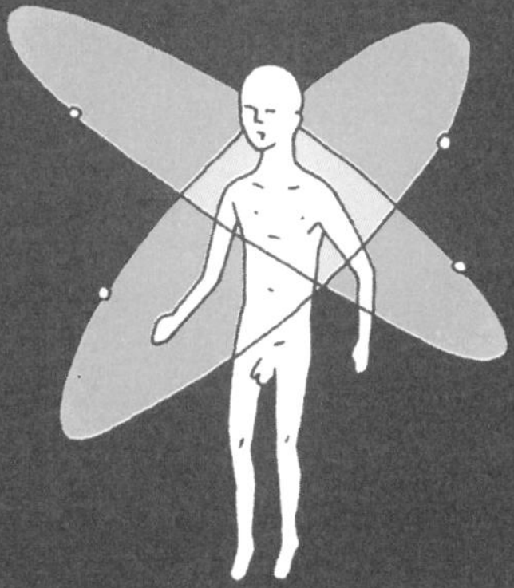

ELEMENT CARTOON CHARACTERS

원소 캐릭터

자, 이제부터 각각의 원소를 자세히 살펴보기로 할까요?

주의할 점은 같은 원소라도,

어느 때는 흙으로, 어느 때는 공기로, 또 어느 때는 생물이 된다

는 사실인데요, 예를 들면 산소는 불을 붙이면 폭발적으로 타버려요.

하지만 수소와 결합하면 물이 되지요.

이처럼 같은 원소라도 실은 다양한 얼굴을 가지고 있답니다.

이 책에서는 일상생활에서 자주 볼 수 있는 것만을 골라서 살펴봤어요.

그 수가 무려 118개! 굉장하다!

이 정도면 어느 원소가 어느 쪽에 있는지 금방 잊어버리고 말겠지요?

그럴 때는 다음 페이지부터 시작되는 색인을 참고하세요.

주기율표와 함께 볼 때는 원자번호로 찾으면 편리해요.

그럼, 지금부터 118개의 개성 넘치는 원소 캐릭터들을

마음껏 즐겨주세요.

INDEX #1

주기 1 → 3 / 원자번호 1 → 18

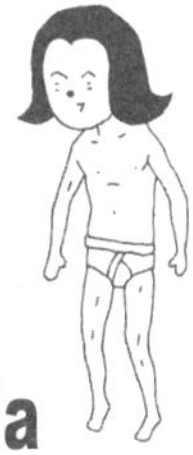

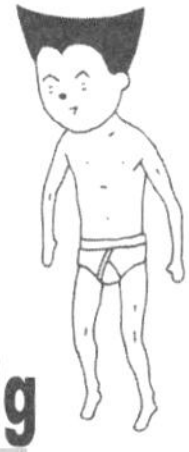

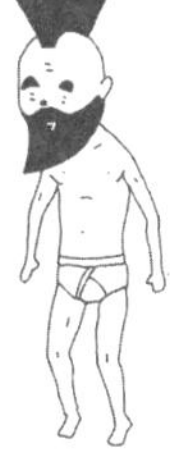

INDEX # 2

주기 4 / 원자번호 19 → 36

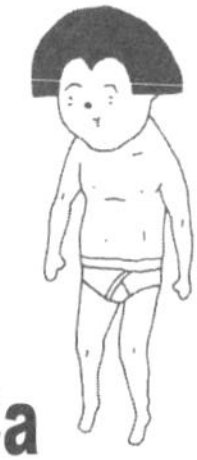

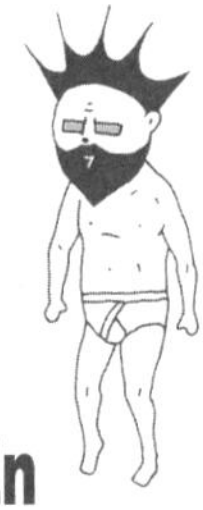

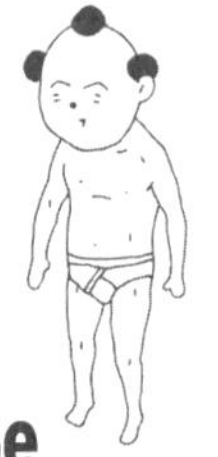

INDEX # 3

주기 / 원자번호

5 / 37 ➡ 54

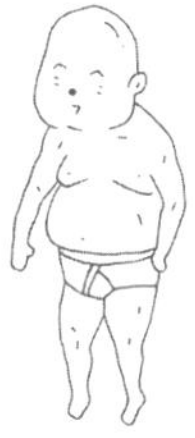

INDEX #4

주기 6 / 원자번호 55 → 86

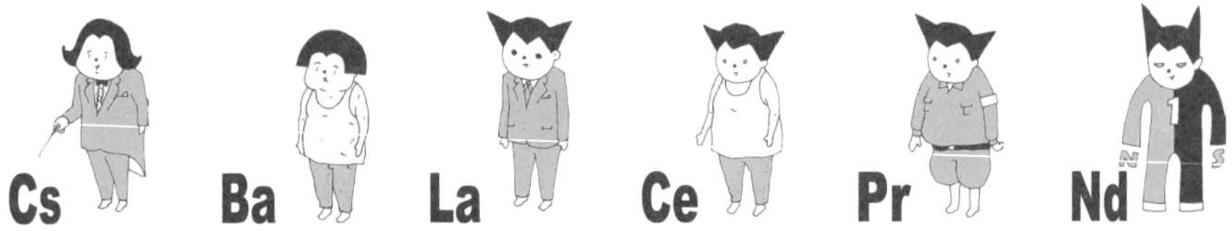

INDEX # 5

주기 7 / 원자번호 87 → 118

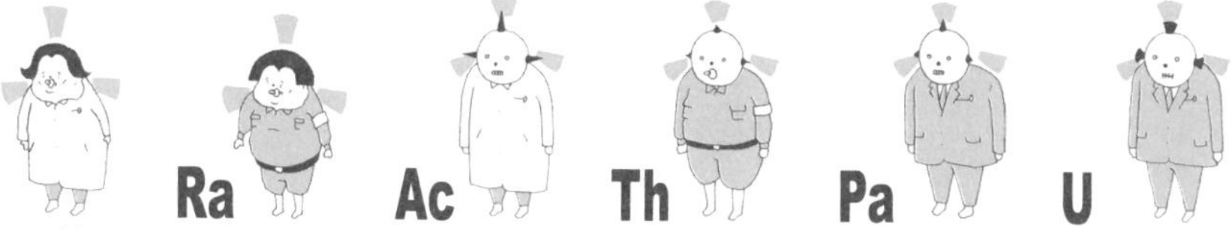

그림 보는 법

HOW TO READ FIGURES

원자번호

원자량

탄소12(^{12}C) 1몰당 질량을 12로 했을 경우의 상대 비율. 여기에 나타낸 원자량은 각 원소의 상세한 원자량의 값을 소수 넷째 자리에서 반올림한 것으로 IUPAC(국제 순수 및 응용화학연합)에서 승인한 것. 안정동위원소가 없고 원자량이 정해지지 않은 방사성 원소의 경우는 확인된 동위체의 질량을 [ ]로 표시

원소명

- 이 책의 한글 원소명은 1999년 개정된 대한화학회의 명명법에 따라 나타내었다. / 표시된 원소명은 함께 인정하는 것이고, (　　)안의 원소명은 널리 사용되고 있는 것을 말한다.

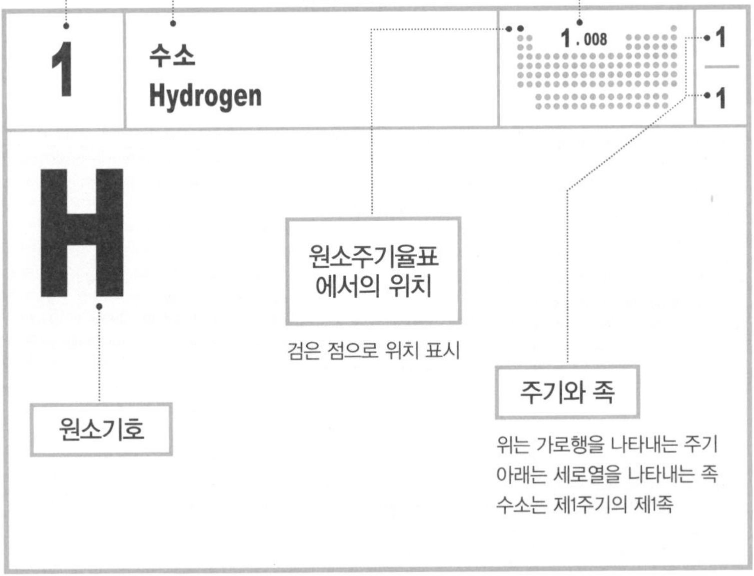

H

원소 캐릭터

우주를 만든 창조 원소

【háidrədʒən】
발견: 1766년

모든 원소 중에서 가장 작고 가볍다. 우주에서 맨 처음 탄생한 원소. 빅뱅 3분 후에 수소 원자가 생겼고, 얼마 안 있어 수소와 헬륨이 모여 별이 생겼다. 수소야말로 생명체를 탄생시킨 원소인 셈이다. 지구의 산소 역시 수소와 산소가 결합한 '물'에서 생겼다. 인체의 60%가 물이고, DNA의 2중 나선 구조도 수소의 결합으로 이루어져 있다. 이쯤 되면, 옛 어른들이 정화수를 떠놓고 빌었던 연유도 조금은 이해될 듯.

녹는점
-259.14 ℃

끓는점
-252.87 ℃

밀도
0.00008988
(기체, 0℃)
g/cm³

영어발음

발견 연도

녹는점

고체의 물질이 녹아서 액체로 상태변화가 일어날 때의 온도

끓는점

액체의 물질이 내부와 표면에서 기포가 발생하면서 끓기 시작하는 온도

밀도

단위부피당의 질량. 물은 1. 특별히 조건이 제시된 것 이외에는 고체상태 20℃일 때의 값

주기

PERIOD

1 → 3

원자번호

ATOMIC NUMBER

1 → 18

1
수소
Hydrogen
2
헬륨
Helium
3
리튬
Lithium
4
베릴륨
Beryllium
5
붕소
Boron
6
탄소
Carbon
7
질소
Nitrogen
8
산소
Oxygen
9
플루오린(플루오르)
Fluorine
10
네온
Neon
11
나트륨/소듐
Sodium
12
마그네슘
Magnesium
13
알루미늄
Aluminium
14
규소
Silicon
15
인
Phosphorus
16
황
Sulfur
17
염소
Chlorine
18
아르곤
Argon

1	수소 Hydrogen	1.008	1 1

H

우주를 만든 창조 원소

【háidrədʒən】
발견: 1766년

모든 원소 중에서 가장 작고 가볍다. 우주에서 맨 처음 탄생한 원소. 빅뱅 3분 후에 수소 원자가 생겼고, 얼마 안 있어 수소와 헬륨이 모여 별이 생겼다. 수소야말로 생명체를 탄생시킨 원소인 셈이다. 지구의 산소 역시 수소와 산소가 결합한 '물'에서 생겼다. 인체의 60%가 물이고, DNA의 2중나선 구조도 수소 결합으로 이루어져 있다. 이쯤 되면, 옛 어른들이 정화

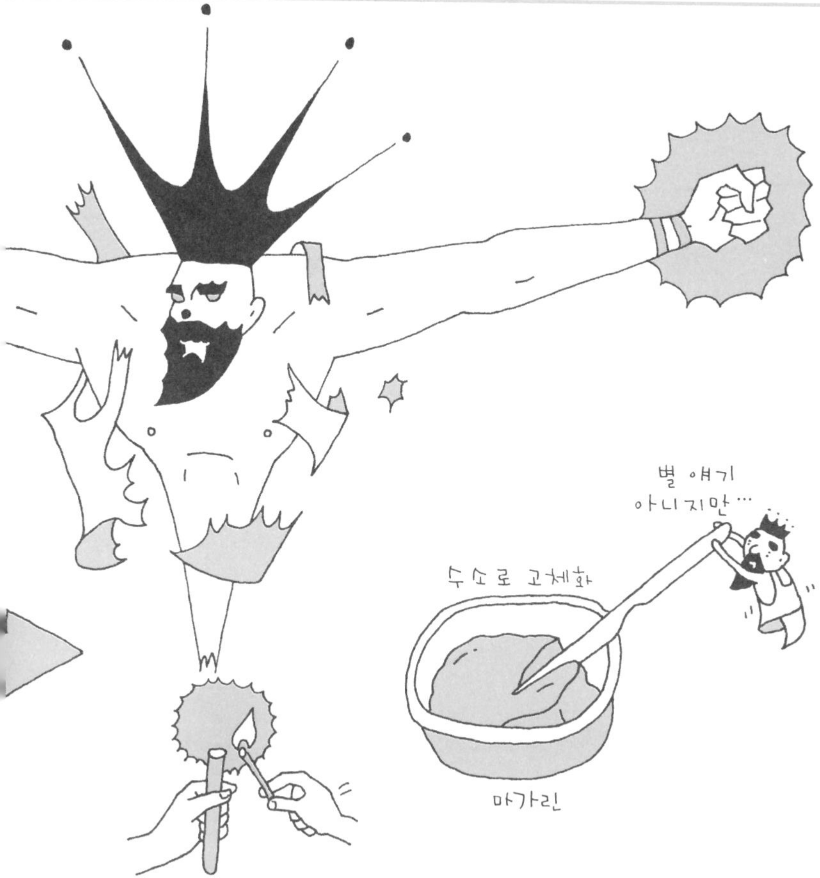

수를 떠놓고 빌었던 연유도 조금은 이해될 듯. 수소는 현재, 석유와 같은 고갈자원을 대신할 친환경 에너지원으로 주목받고 있다. 지구를 탄생시키고 오랜 세월 지켜온 고마운 원소라 하겠다. 불을 붙이면 폭발하기 때문에 다루는 데 상당한 주의가 필요하다. 그리스어의 '물(hydro)'과 '생성한다(gennao)'에서 유래.

녹는점	-259.14 ℃
끓는점	-252.87 ℃
밀도	0.00008988 (기체, 0℃) g/cm³

2	헬륨 Helium	4.003	1 / 18

He

대단하다! 북실북실 가스

【hi:liəm】
발견: 1868년

'헬륨 가스의 고음 효과', '풍선' 등으로 친숙하다. 수소와 나란히 빅뱅 직후에 탄생한 역사가 오래된 원소다. 수소와 헬륨이 있었기에 다른 원소도 생겨날 수 있었던 것. 공기보다 가벼운 원소 역시 이 둘 뿐으로, 마치 높은 곳에 선 지도자처럼 다른 원소들을 내려다보고 있다고나 할까? 열을 받으면 폭발하는 수소와 달리, 어떤 물질과도 반응하지 않는 온화한 성격의 원소다. 그리스어의 '태양(helios)'에서 유래.

녹는점	-272.2 (가압상태) ℃
끓는점	-268.934 ℃
밀도	0.0001785 (기체, 0℃) g/cm^3

3	리튬 Lithium	6.941	2 / 1

Li

모바일 시대의 에너지원

【líθiəm】
발견: 1817년

무척 가벼운 금속이다. 수소, 헬륨, 리튬은 빅뱅으로 탄생한 3형제다. 소량에 불과하던 리튬은 우주 탄생 무렵에는 그다지 활약을 못했으나, 현대에 이르러 맹활약 중이다. 리튬 이온 전지는 휴대전화 등 모바일 기기에서 빼놓을 수 없다. 매우 가벼우면서 파워가 크고, 반복 충전이 가능한데다 노화 걱정도 적다. 바닷물에 포함되어 있기 때문에 자원이 고갈될 염려도 현재로선 없다. 그리스어의 '돌(lithos)'에서 유래.

녹는점	180.54 ℃
끓는점	1340 ℃
밀도	0.534 (0℃) g/cm^3

4	베릴륨 Beryllium	9.012	2 / 2

다재 다능! 환상의 엘리트

【bəríliəm】
발견: 1797년

재능은 출중한데 출세를 못한 비운의 엘리트 금속이다. 알루미늄에 비해 3분의 2정도로 가볍고, 녹는점은 1278℃로 열에 무척 강하다. 스프링을 만들면 200억 회 이상의 충격에도 끄떡없을 정도라고. 그런데 문제는 베릴륨 분말에는 사망에 이르게 하는 강한 독성이 있다는 것. 하지만 분말로 만들지 않으면 가공이 불가능하기 때문에 방호복을 입는 등 사전 준비가 필요하다. 그리스어의 '녹주석(beryllos)'에서 유래.

녹는점	1278±5 ℃
끓는점	2970 (가압상태) ℃
밀도	1.8477 g/cm³

5	붕소 Boron	10.81	2 / 13

B

생활에 유익한 7가지 변신

【bɔ́:ran】
발견: 1892년

순수 원소보다는 화합물로 여러 일상용품에 들어 있다. 내열유리인 파이렉스는 전문용어로 '붕규산 유리'라 하는데, 유리에 산화붕소를 첨가하여 확장과 수축을 억제한 것이다. 탄소와 화합시키면 자동차 타이어에 버금가는 경도를 자랑한다. 붕소를 어떻게 결합시킬까가 화학실력의 관건이다. 지금까지 이 분야에서 두 사람이나 노벨화학상을 수상했다. 페르시아어의 '붕사(burah)'에서 유래.

녹는점	2300 ℃
끓는점	3658 ℃
밀도	2.34 (β 형) g/cm³

6 탄소 Carbon

12.01

2

14

C

살아 있는 것은 모~두 탄소

【kɑ´ːrbən】
발견: 고대

'생명의 원천'으로 불리며 생명체와 '먹을거리'를 만드는 원소다. '먹이사슬'이라는 말을 바꿔 말하면 '탄소 작용'으로, 탄수화물이나 단백질 등 살아가는 데 필요한 영양은 모두 탄소의 화합물이다. 세포 및 DNA도 탄소가 있어야 가능하다. 식물은 광합성으로 이산화탄소에서 탄수화물을 만들고, 우리는 그것을 먹는다. 탄소 자체에는 여러 가지 형태로 변하

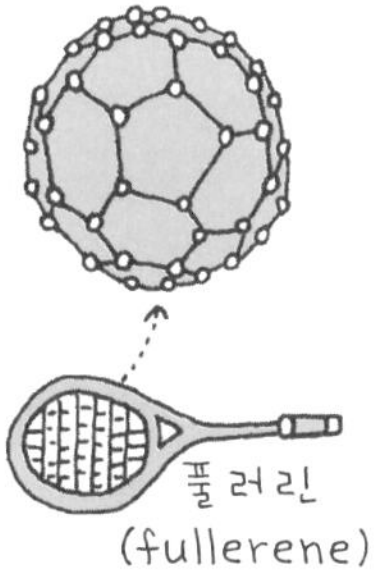

는 성질이 있다. 연필심부터 다이아몬드에 이르기까지 매우 다양해 같은 원소로 보기 어려운 것도 많다. 석유, 플라스틱, 의류, 약 등은 모두 탄소에서 만들어진 것으로 인류가 진화하는 데 큰 힘이 되었다. 최근, 나노테크놀로지에서 신소재로 각광받고 있다. 라틴어의 '목탄(carbo)'에서 유래.

녹는점	3550 (다이아몬드) ℃
끓는점	4827 (승화) ℃
밀도	3.513 (다이아몬드) g/cm³

7	**질소** Nitrogen	14.01	2 / 15

친숙해 보여도 의외로 쿨!

【náitrədʒən】
발견: 1772년

공기의 약 80%를 차지하는 질소는 상당히 중요한 원소다. 인체를 이루는 단백질의 기본 단위인 아미노산이나 DNA를 구성하고 있다. 언뜻 안정되어 보이지만 전혀 다른 모습도 있다. 니트로글리세린이나 다이너마이트 등 폭약의 대부분이 질소화합물이며, 산소와 결합하면 대기오염의 원인(질소산화물;NOx)이 되는 어두운 측면도 있다. 라틴어의 '초석(nitrum)'과 그리스어의 '생긴다(genao)'에서 유래.

녹는점	-209.86 ℃
끓는점	-195.8 ℃
밀도	0.0012506 (기체, 0℃) g/cm³

8 산소 Oxygen

16.00

2

16

O

지구를 지키는 한결같은 원소

【ɑ´ksidʒən】
발견: 1774년

공기의 약 20%를 차지한다. 식물의 광합성으로 만들어지며, 생명체를 숨 쉬게 하고, 생명을 유지시켜주는 소중한 원소다. '불'도 산소가 있어야만 탈 수 있다. 태양의 강한 자외선을 약화시키는 오존층도 만든다. '산화'라는 말을 흔히 쓰는데, 여러 가지 물질과 결합하여 성질을 다변화시킨다. 금속을 녹슬게 하거나 유기물을 부패시키기도 한다. 그리스어의 '신맛(oxus)'과 '생긴다(genao)'에서 유래.

녹는점	-218.4 ℃
끓는점	-182.96 ℃
밀도	0.001429 (기체, 0℃) g/cm³

9	**플루오린**(플루오르) **Fluorine**	19.00	2 17

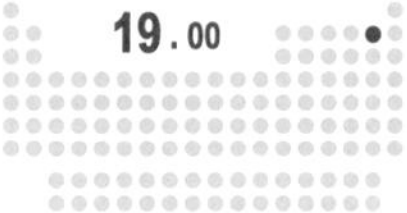

F

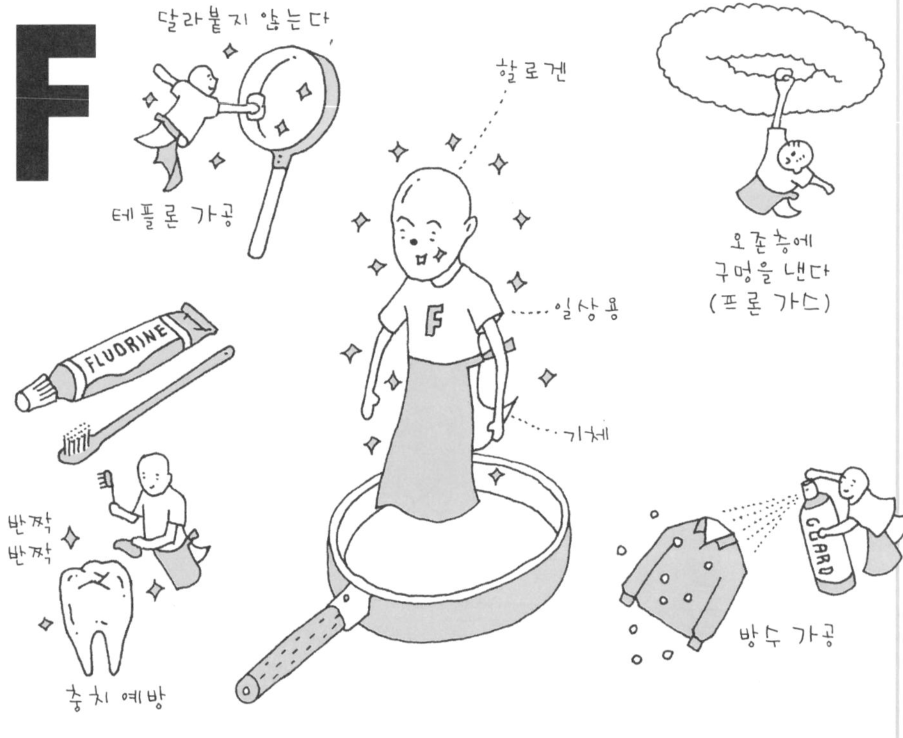

맹독성을 지닌 청결주의

【flúəriːn】
발견: 1886년

플루오린 하면 먼저 '충치 예방'이나 '프라이팬'이 떠오를 수도. 치아 표면에 달라붙어 충치균으로부터 치아를 보호하는 역할을 한다. 프라이팬이나 우산에 플루오린 수지를 코팅하면 음식물은 물론 물과 기름이 달라붙지 않아 편리하다. 순수 플루오린 원소는 맹독성이라 과거에는 추출하는 것이 무척 어려웠다. 분리에 성공한 프랑스의 므와상(Moissan)은 노벨화학상을 받았다. 라틴어의 '흐른다(fluere)'에서 유래.

녹는점
-219.62
℃

끓는점
-188.14
℃

밀도
0.001696
(기체, 0℃)
g/cm³

10	네온 Neon	20.18	2 18

Ne

밤의 황제는 파리 태생

【niːɑn】
발견: 1898년

도시의 밤거리를 아름답게 수놓고 있는 네온사인. 이것은 네온을 유리관에 집어넣어 방전시킨 것이다. 네온사인이 처음으로 밤거리를 밝힌 것은 1912년 파리의 몽마르트. 네온 자체는 무색으로 매우 안정된 기체이지만, 방전시키면 붉은 오렌지색으로 빛난다. 여기에 다른 원소를 섞어 색을 만드는데, 헬륨은 노랑, 수은은 청록, 아르곤은 빨강이나 파란빛을 낸다. 그리스어의 '새로운(neos)'에서 유래.

녹는점	-248.67 ℃
끓는점	-246.05 ℃
밀도	0.00089994 (기체, 0℃) g/cm^3

11	나트륨/소듐 Sodium	22.99	3 / 1

Na

요리, 세탁, 주부의 절친

【sóudiəm】
발견: 1807년

나트륨의 화합물은 가정에서 맹활약 중이다. 소금(염화나트륨), 화학조미료(글루타민산나트륨), 베이킹파우더(탄산수소나트륨)는 주방을 담당. 세제로는 표백제(차아염소산나트륨), 비누에도 나트륨이 들어간다. 목욕할 때 입욕제로 쓰이는 것은 탄산수소나트륨으로, 탄산가스의 기포가 보글보글 나오게 하는 효과가 있다. 이처럼 일상생활에서 널리 애용되고 있지

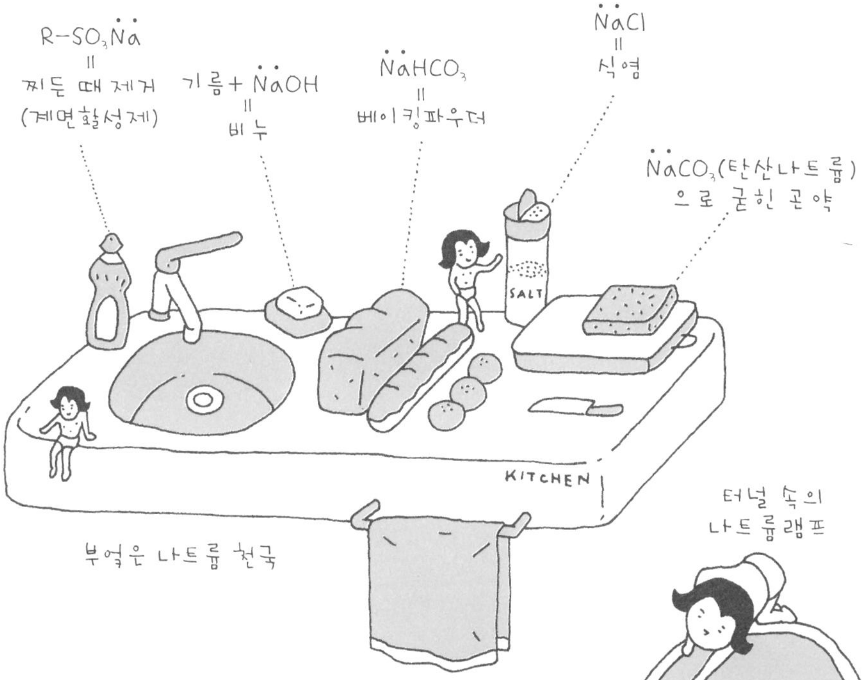

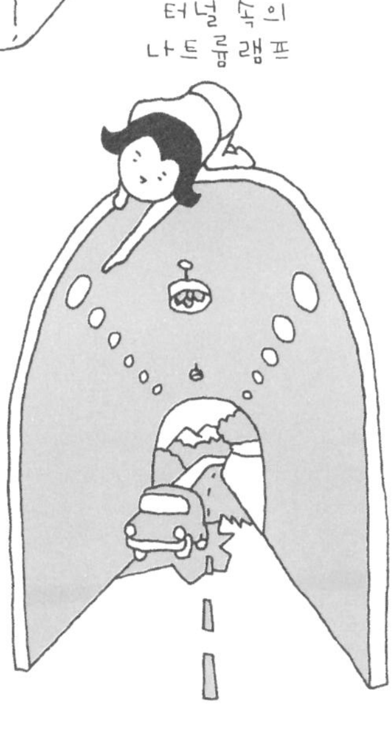

만, 화합물이 아닌 순수한 금속 나트륨은 물에 넣었을 때 폭발하는 매우 위험한 '그렘린*' 원소다. 그래서 보존은 석유에 넣어서 한다고. 라틴어의 '두통치료제(sodanum)'에서 파생된 영어 '소다(soda)'에서 유래.

* 그렘린은 영화 〈그렘린〉에 등장하는 물에 닿으면 증식하는 괴물이다.

녹는점	97.81 ℃
끓는점	883 ℃
밀도	0.971 g/cm³

12	마그네슘 Magnesium	24.31	3 / 2

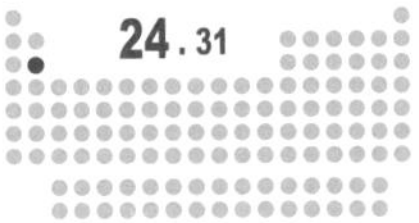

Mg

뭐든지 잘하는 우등생!

【mægníːziəm】
발견: 1808년

알루미늄보다 가볍고 강철처럼 강하다. 차폐성이 뛰어나 전자파는 밖으로 방출시키지 않는 반면 열은 바로 내보낸다. 이런 편리한 성질 때문에 노트북이나 휴대전화의 몸체로 사용된다. 디지털적인 이미지와는 다르게 두부를 굳히는 간수로 사용하기도 하며, 연두색(엽록소) 식물 잎의 중심 원소이기도 하다. 변비 예방 의약품에도 사용되는 등 가능성이 무한하다. 그리스의 도시 '마그네시아(Magnesia)'에서 유래.

녹는점	650 ℃
끓는점	1095 ℃
밀도	1.738 g/cm³

13 알루미늄
Aluminum

26.98

3 / 13

Al

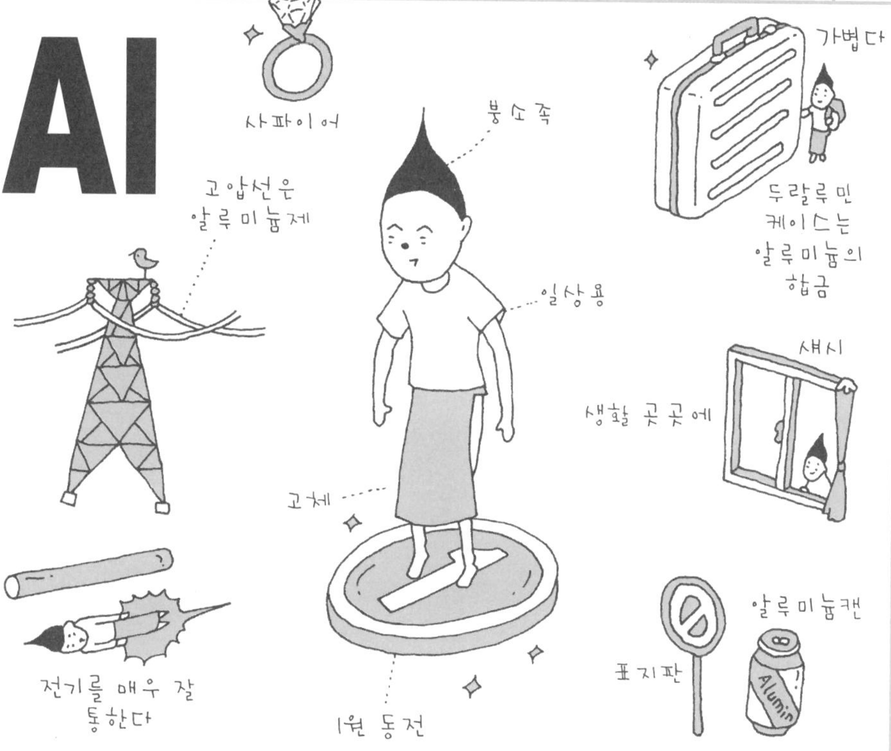

지구에 가장 많은 금속원소

【əlúːmənəm】
발견: 1807년

매우 가볍고 가공하기 쉬운 금속이다. 녹슬지 않고 전기를 잘 통하면서도 가격이 싸 보급률이 높은 편이다. 여러 금속의 성질을 조합한 합금이 많다. 1원짜리 동전에서부터 알루미늄 호일, 알루미늄 섀시, 항공기의 몸체 등 용도가 다양하다. 위 점막을 보호하는 작용이 있어 의료 부문에서 위궤양 치료제인 수크랄페이트(sucralfate)에 쓰이고 있다. 라틴어의 '백반(alumen)'에서 유래.

녹는점	660.37 ℃
끓는점	2520 ℃
밀도	2.698 g/cm³

14 규소 Silicon

28.09

3

14

Si

사막에서 온 디지털 일꾼

【sílikən】
발견: 1823년

'규소가 뭐지?'라는 사람이 있다면 모래를 한번 보자. 규소는 모래를 만드는 석영이나 수정에 이산화규소나 규소산염으로 들어 있으며, 지구상에서 산소 다음으로 많은 원소다. 단단한 성질 때문에 오래전부터 유리의 원료로 사용되어 왔으며, 지금은 디지털 사회의 강자로 떠오르고 있다. 최근에는 '실리콘'으로 반도체나 태양전지의 중요한 재료로 쓰인다. 실리콘고무는 유아용

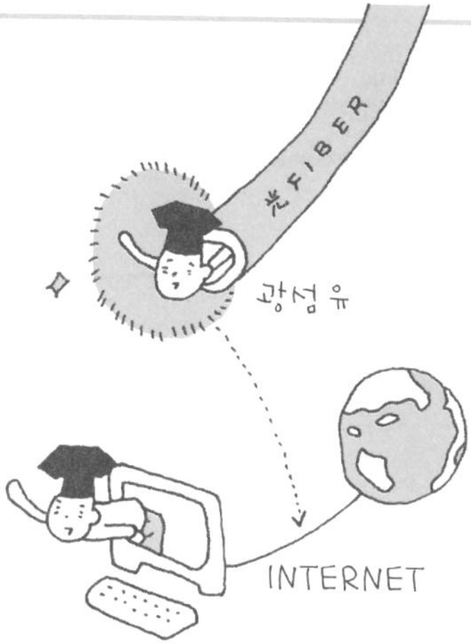

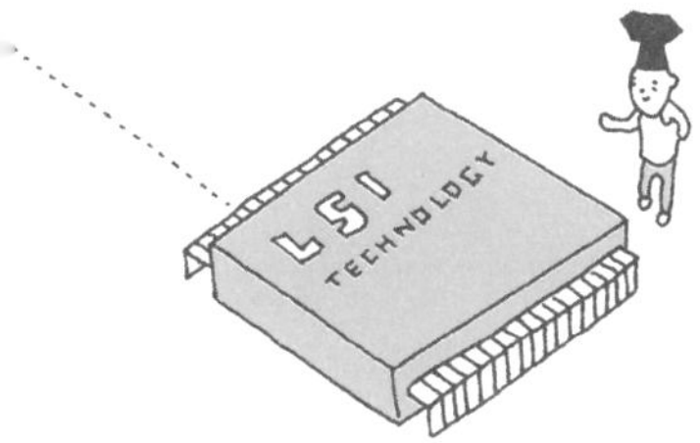

젖병꼭지나 성형외과에서 가슴확대용으로 쓰이는 등 다방면에서 활약 중이다. 이산화규소가 포함된 토양은 내화성이 뛰어나 건축분야에서 벽재료로 인기를 모으고 있다. 하지만 발암물질로 문제가 된 석면도 실은 이산화규소가 주성분이다. 가느다란 섬유 상태의 석면이 폐 기능 장애를 일으킬 수 있지만 규소 자체는 독성이 없다. 라틴어인 '부싯돌(silex)'에서 유래.

녹는점	1410 ℃
끓는점	2355 ℃
밀도	2.329 g/cm^3

15	인 Phosphorus	30.97	3 15

P

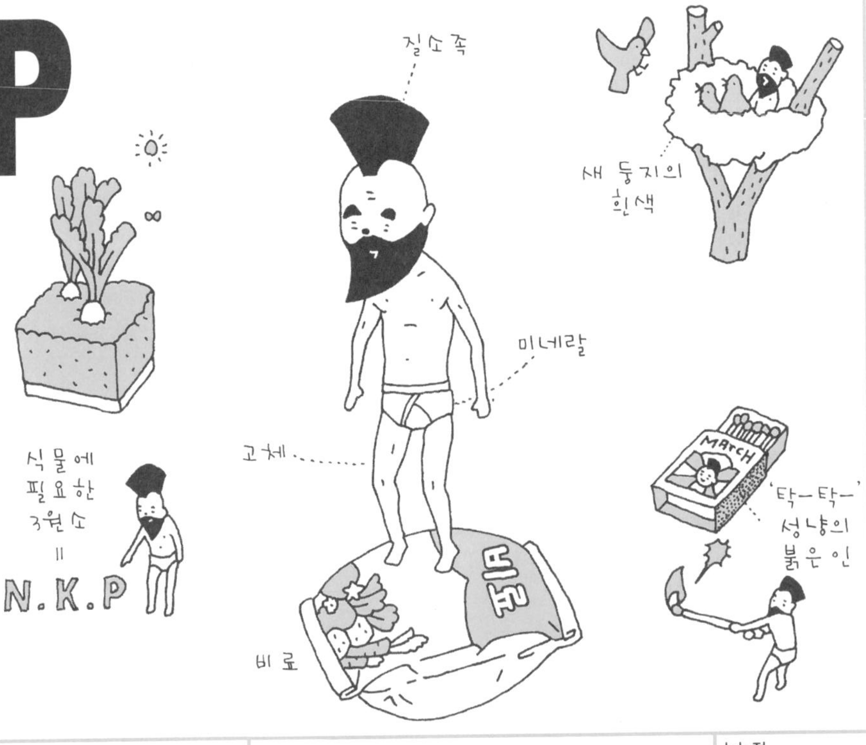

소변으로 방출! 생생한 원소

【fɑ´sfərəs】
발견: 1669년

독일의 연금술사들이 '소변'을 증발시키는 실험 도중에 발견했다. 흰인, 붉은인, 검은인 등 여러 색이 있다. 인체의 DNA나 세포막에 반드시 필요한 원소다. 농업에서는 농작물의 비료로 이용되는 영양분이기도 하다. 그리스어의 '빛을 내는 것(phospho)'에서 유래. 옛날이야기에 등장하는 묘지 근처의 도깨비불은 동물의 머리카락이나 뼈에 들어있는 인의 발광에 의한 것이다.

녹는점	44.2 (흰인) ℃
끓는점	279.9 (흰인) ℃
밀도	1.82 (P_4) g/cm³

16	황 Sulfur	32.07	3 / 16

S

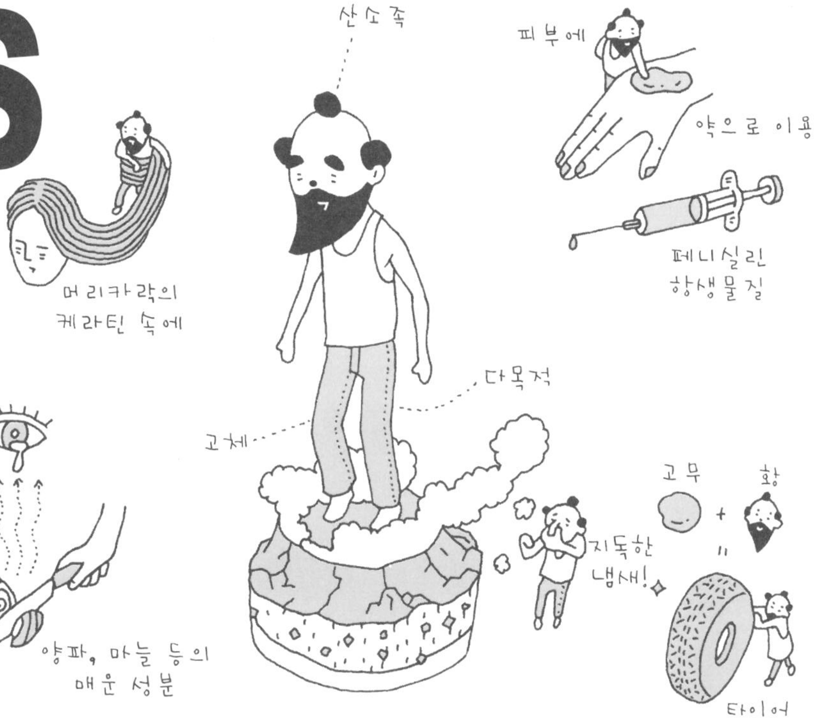

건강의 원천! 하지만 지독한 냄새!

【sʌ´lfər】
발견: 고대

온천에 가면 달걀이나 마늘 썩는 것 같은 지독한 냄새가 나는데, 바로 황과 황화합물의 냄새다. '좋은 약이 냄새도 고약하다'고 했던가. 황이 함유된 아미노산은 건강에 좋다. 전염병으로부터 많은 생명을 구한 세계 최초의 항생물질 '페니실린'에도 황이 들어 있다. 반면, 이산화황은 지구 환경을 위협하는 '산성비'의 원인이기도 하다. 라틴어인 '황(sulphur)'과 산스크리트어의 '불의 근원(sulvere)'에서 유래.

녹는점	112.8 (사방정계) ℃
끓는점	444.674 ℃
밀도	2.07 (사방정계) g/cm³

17	염소 Chlorine	35.45	3 / 17

Cl

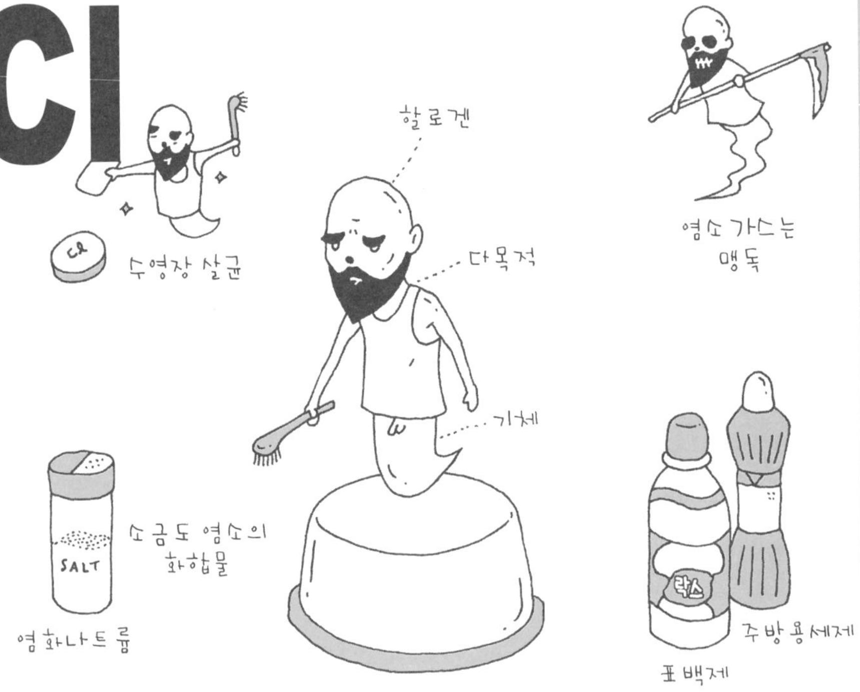

자나 깨나 살균! 심각한 결벽증

【klɔ´ːriːn】
발견: 1774년

염소는 살균 표백작용이 뛰어나 수영장이나 수돗물의 살균제로 흔히 쓰인다. 이 발견으로 콜레라, 장티푸스 등 세계적인 전염병이 근절되었다. 그러나 제1차 세계대전 때는 독가스 같은 화학무기로 사용되기도 했다. '폴리 염화 비닐'은 배수관이나 지우개 같은 생활용품에 다양하게 쓰인다. 그리스어의 '황록색(khloros)'에서 유래.

녹는점	-100.98 ℃
끓는점	-33.97 ℃
밀도	0.003214 (0℃) g/cm^3

18 아르곤

Argon

39.95

3

18

Ar

건들건들 마이페이스

【ɑ´rgan】
발견: 1894년

아르곤 가스는 보통 다른 어떤 것과도 잘 반응하지 않는다. 공기 중에서 산화하는 것들이 아르곤 안에서는 변화되지 않기 때문에 고문서를 보존하는 데 사용된다. 산소, 수소와 반응하기 쉬운 물질을 취급하는 실험에도 편리하게 쓰인다. 일반 가정집의 형광등에도 아르곤이 충전되어 있다. 참고로, 지구의 대기는 78%가 질소, 21%가 산소, 나머지 1%가 아르곤이다. 그리스어의 '게으름뱅이(argos)'에서 유래.

녹는점	-189.37 ℃
끓는점	-185.86 ℃
밀도	0.001784 (기체, 0℃) g/cm³

주기

PERIOD

4

원자번호

ATOMIC NUMBER

19→36

19
칼륨/포타슘
Potassium
20
칼슘
Calcium
21
스칸듐
Scandium
22
타이타늄/티타늄
Titanium
23
바나듐
Vanadium
24
크로뮴(크롬)
Chromium
25
망가니즈(망간)
Manganese
26
철
Iron
27
코발트
Cobalt
28
니켈
Nickel
29
구리
Copper
30
아연
Zinc
31
갈륨
Gallium
32
저마늄/게르마늄
Germanium
33
비소
Arsenic
34
셀레늄(셀렌)
Selenium
35
브로민(브롬)
Bromine
36
크립톤
Krypton

19 칼륨/포타슘 Potassium

39.10

4

1

K

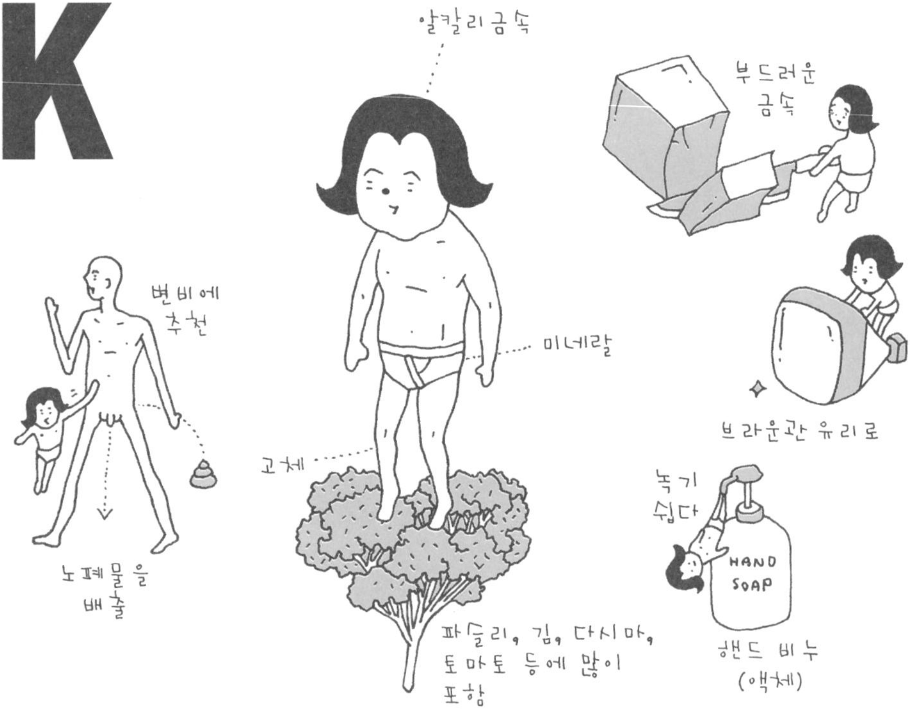

명랑 쾌할! 미네랄 원소

【pətǽsiəm】
발견: 1807년

인체에 꼭 필요한 필수 미네랄의 대표이며, 농작물을 키우는 데 빼놓을 수 없는 비료의 3대 성분 중 하나로 유명하다. 미네랄인 나트륨과 세포 안에서 함께 일하는 파트너다. 세포 바깥은 나트륨 이온, 세포 안은 칼륨 이온이 많으며, 서로 오고 가며 신경을 전달하거나 근육을 수축시킨다. 여러 가지 물질과 결합해 염(칼륨염)을 만들 수도 있는데 흥미롭게도 그 성질이

모두 다르다. 비료로 사용되는 황산염이나 염산염 외의 지방산에 칼륨염을 첨가하면 비누가 된다. 이처럼 일상생활에서 다양하게 사용되지만 의외로 악명 높은 독약도 있다. 소위 '청산가리'로 불리는 것은 '사이안화 칼륨'이다. 영어의 '잿물(potash)'에서 유래.

녹는점	63.65 ℃
끓는점	774 ℃
밀도	0.862 (−80℃) g/cm³

20	칼슘 Calcium	40.08	4 2

Ca

뼈와 치아, 백의의 일꾼

【kælsiəm】
발견: 1808년

우유와 요구르트 등으로 잘 알려진 인기 원소 중 하나다. 일반적으로 성인의 몸에 약 1kg의 칼슘이 있는데, 대부분 뼈와 치아를 이루고 있다. 뼈의 주성분인 칼슘의 정식 명칭은 '인산칼슘'으로, 최근에 인공적으로 만들 수 있게 되었다. 순수 칼슘 원소는 은백색의 금속이다. 칼슘뿐만 아니라 미네랄 대부분이 금속원소다. 몸 안에 금속이 들어있다고 하면

대리석도 칼슘
(탄산칼슘)

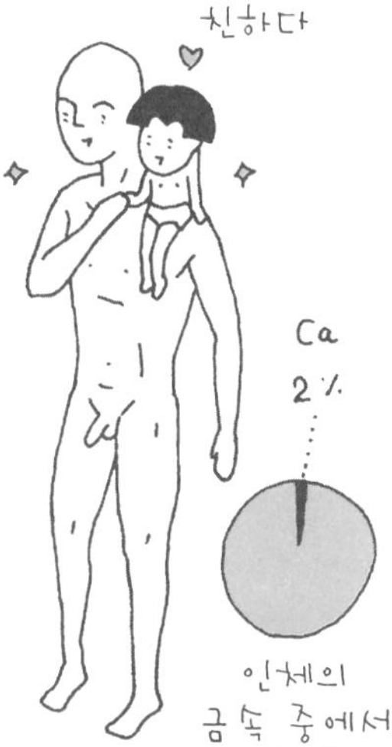

인체의
금속 중에서
가장 많다

건물 벽의
회반죽도 칼슘

종유동굴

도로의 동결 방지

왠지 이상한 기분이 들지만. 라틴어의 '석회(calx)'에서 유래.
참고로, 영양소로 미네랄과 어깨를 나란히 하는 '비타민'은 체내에서 효소 작용을 활발하게 하는 유기화합물이지만, 원소는 아니다.

녹는점	839 ℃
끓는점	1484 ℃
밀도	1.55 g/cm³

21	스칸듐 Scandium	44.96	4 / 3

Sc

수수하면서 값비싼 명품

【skændiəm】
발견: 1879년

원자번호가 낮은(=주요 원소가 많다) 데도 불구하고 쉽게 접하기 어렵다. 이유는 무척 비싸기 때문. 성질은 알루미늄과 비슷한 가벼운 금속이지만 녹는점은 알루미늄의 두 배다. 앞으로 기대되는 유망주. 발광관 안에 주입하면 할로겐보다 2배 이상 밝고, 수명과 소비 전력이 뛰어나 스포츠 시설이나 고급차의 램프로 사용된다. '스칸디나비아(Scandinavia)'의 앞 글자에서 유래.

녹는점	끓는점	밀도
1541 ℃	2831 ℃	2.989 g/cm³

22	타이타늄/티타늄 Titanium	47.87	4 4

Ti

매우 실용적인 스마트 금속

【taitéiniəm】
발견: 1795년

안경, 귀걸이, 골프채부터 화장품에 이르기까지 생활 곳곳에서 찾아볼 수 있다. 그러나 불과 30년 전만 해도 잠수함이나 전투기에 사용되던 특수 금속이었다. 이온화하기 어렵고, 바닷물이나 화학물질에도 녹지 않을뿐더러(그래서 금속 알레르기가 있는 사람도 애용), 가볍고 강하다. 또한 매장량도 풍부하다. 그리스 신화에 나오는 지구신의 아들 '티탄(Titans)'에서 유래.

녹는점	1760 ℃
끓는점	3287 ℃
밀도	4.54 g/cm³

23 바나듐 Vanadium

50.94

4

5

V

웰빙족!
주가 상승

【vənéidiəm】
발견: 1830년

'바나듐으로 건강을!'이란 광고 문구를 여기저기에서 볼 수 있다. 혈당치를 내리는 데 효과가 있다는 미네랄 금속이다. 일본 후지산 계곡의 지하수에 많이 포함되어 있다고 하며, 김 등의 해조류에도 존재한다. 참고로, 멍게 같은 멍겟과 생물의 혈액 속에서도 바나듐이 발견되었다. 스칸디나비아 어원인 미의 여신 '바나디스(Vanadis)'에서 유래.

녹는점	1887 ℃
끓는점	3377 ℃
밀도	6.11 (19℃) g/cm³

24	크로뮴(크롬) Chromium	52.00	4 / 6

Cr

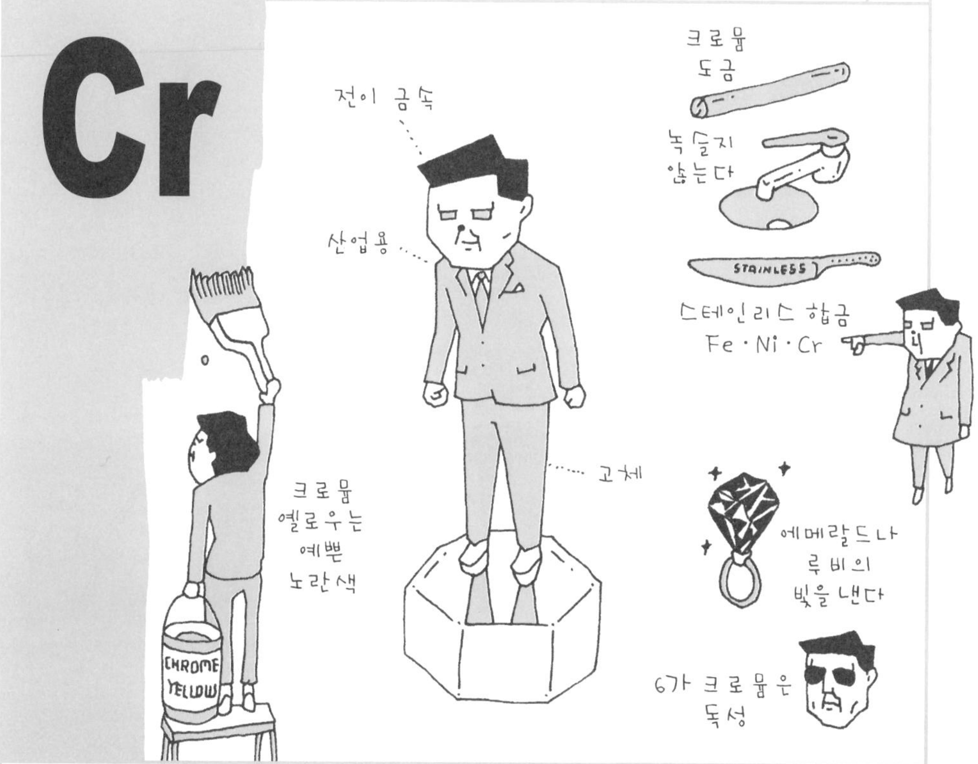

안티팬 많은 아티스트

【króumiəm】
발견: 1797년

크로뮴의 일종인 '6가 크로뮴'이 오염 물질로 지목받아 한때 인기가 추락했었다. 같은 크로뮴이라도 '3가 크로뮴'은 아주 적은 양이지만 인체에 꼭 필요한 미네랄이다. 에메랄드나 루비 빛깔의 원천인 '청록색(viridian)' 안료로 애용되었다. 녹슬지 않는 금속 스테인리스 역시 철과 니켈, 크로뮴의 합금이다. 지금은 열심히 활동 중. 그리스어의 '색(chroma)'에서 유래.

녹는점	1857 ℃
끓는점	2672 ℃
밀도	7.19 g/cm^3

25	망가니즈(망간) Manganese	54.94	4 / 7

Mn

한결같은 성실함

【mæŋgəniːs】
발견: 1774년

건전지의 원료로 친숙한 원소다. 지상을 비롯해 해저에도 풍부한 중요한 해양자원이기도 하다. 1800년대 발명된 이후 오랫동안 활약해온 망간 건전지는 최근 들어 알칼리 건전지로 세대교체가 이뤄진 듯 보이지만, 실은 구조가 달라졌을 뿐 성분은 거의 변하지 않았다. 이른바 차세대 주자를 키운 셈. 인체의 대사를 도와주는 필수 미네랄이기도 하다. 라틴어의 '자석(magnes)'에서 유래.

녹는점	끓는점	밀도
1244 ℃	1962 ℃	7.44 g/cm³

빨리 좀
합시다!
STUDIO
다음은
이걸로 갈아
입으세요!
이제 겨우
4분의 1…

26	철 Iron	55.85	4 / 8

Fe

문명을 가른 운명의 수레바퀴!

【áiərn】
발견: 고대

석기를 사용하던 고대 인류가 다음 문명을 향해 가는 길목에서 발견한 것이 바로 '철'이었다. 맨 처음 철을 제조하기 시작한 것은 기원전 15세기경 터키에 왕국을 세운 히타이트인이다. 그들이 멸망해 각지에 흩어져 살게 되면서 기술이 전파되었고, 이는 철이 세계 곳곳에 보급되는 계기가 되었다고 한다. 이후, 철은 인간의 일상생활에 깊숙이 들어오게 된

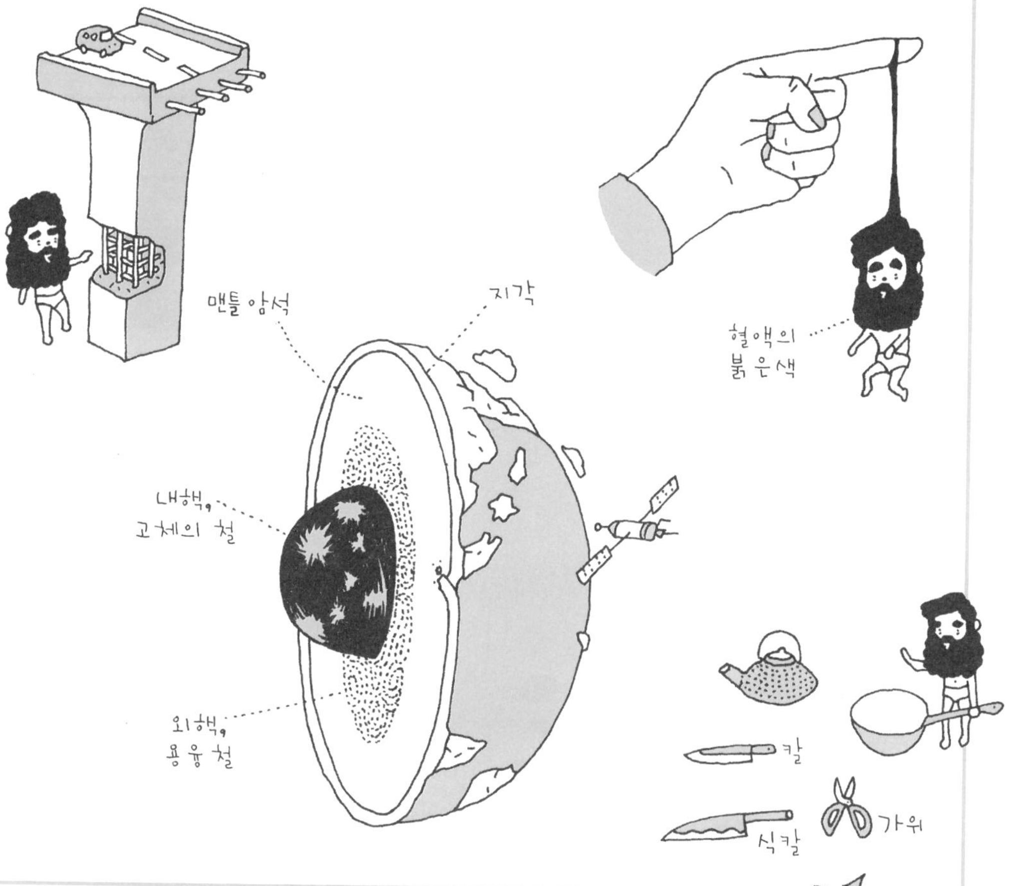

다. 지금, 세계에서 제조되는 금속의 약 90%가 철이라니 놀랄 일이다. 매장량이 압도적으로 많고, 가공하기 쉽고 강하며, 또 가격이 싼 것이 인기의 비밀이다. 사람의 혈액 속 산소를 운반하는 헤모글로빈에도 철이 포함되어 있다. 몸 안팎에서 친숙한 원소다. 앵글로색슨어의 iron(Fe는 라틴어로 철을 의미하는 Ferrum에서 옴)에서 유래.

녹는점	1535 ℃
끓는점	2750 ℃
밀도	7.874 g/cm³

27	코발트 Cobalt	58.93	4 / 9

Co

푸른 옷의 디지털 기사

【kóubɔːlt】
발견: 1737년

'코발트블루'라는 말처럼 맑고 깊은 색을 내는 것이 매력 포인트다. 코발트 광석은 제련하기가 어려웠는데, 과거에 광부들은 산에 사는 요정 '코발트'가 광부들을 곤란하게 하려고 마법을 걸었다고 생각했다. 지금은 자석의 민감한 특성을 살려서 컴퓨터의 하드디스크에 사용되는 등, 과거의 오염을 벗는 중이다. 독일어의 '땅의 요정 코발트(kobald)'에서 유래.

녹는점	1495 ℃
끓는점	2870 ℃
밀도	8.9 g/cm³

28 니켈 Nickel

58.69

4

10

Ni

100원 동전

【níkəl】
발견: 1751년

구리와의 합금(백동)으로 100원이나 500원 동전에 쓰이며, 미국에서는 5센트 동전에 쓰이는 실력파다. 세계에서 연간 100만 톤 정도가 생산된다. 합금으로 많이 사용되며, 특히 철과의 합금 스테인리스가 일반적이다. 타이타늄과 결합하면 형상기억합금이 된다. 최근에는 충전하여 계속 사용 가능한 에코 전지 '니켈 수소 전지'의 원료로 주목받고 있다. 독일어의 '악마의 구리(kupfernickel)'에서 유래.

녹는점	1455 ℃
끓는점	2890 ℃
밀도	8.902 (25℃) g/cm³

29	**구리** Copper	63.55	4 / 11

Cu

가장 오래 애용해 온 금속

【kɑ´pər】
발견: 고대

이라크 북쪽의 유적에서 기원전 9000년경의 구리 동전이 발견되었다. '인류가 사용한 가장 오래된 금속'이다. 열전도성이 높고 가공하기 쉽지만 부서지기 쉬워서 처음에는 일용품 정도로만 쓰였다. 하지만 주석과의 합금인 '청동'이 개발되면서 무기, 제사 도구, 악기, 농기구 등 획기적인 도구들이 생겨났다. 기원전·후의 역사를 나누는 데 한몫을 한 '구리'야말로 금메달감이다. 라틴어의 '키프러스(cuprum)'에서 유래.

녹는점	1083.5 ℃
끓는점	2567 ℃
밀도	8.96 g/cm³

30	아연 Zinc	65.38	4 12

Zn

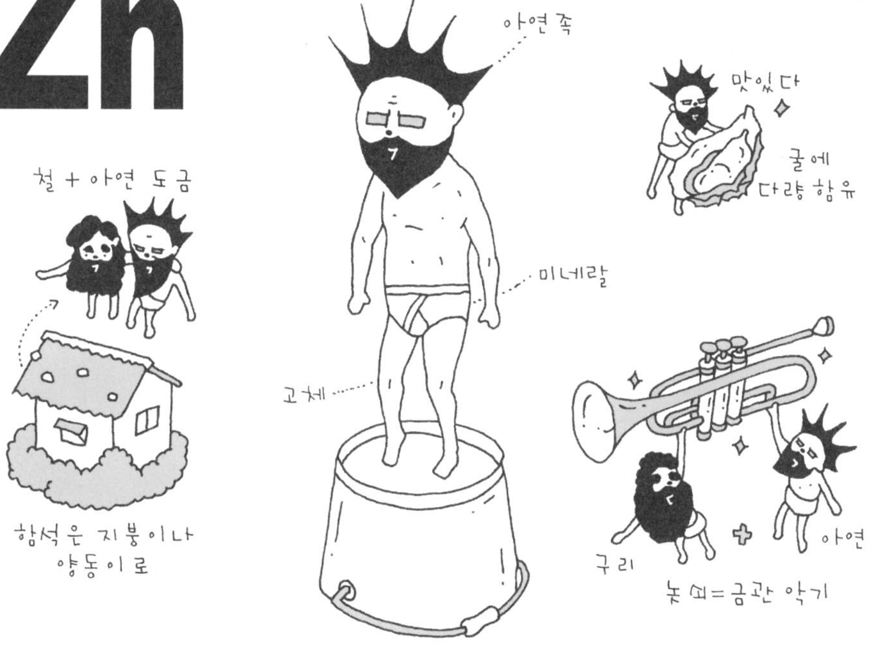

입맛 까다로운 미식가 원소

【ziŋk】
발견: 중세

인체에 꼭 필요한 미네랄로, 철분 다음으로 많이 들어있다. 맛을 느끼는 혀의 '미뢰' 세포의 생성을 돕는다. 부족할 경우 맛을 못 느끼는 '미맹'이 될 수도 있다. 아연은 금속으로도 우수성을 자랑한다. 녹이 눈에 잘 띄지 않는 성질을 살려 함석판(철에 아연을 도금한 것)을 만들기도 한다. 구리와 섞은 합금은 놋쇠로 활약. 청색 발광 다이오드의 원료로도 기대를 모으고 있다. 라틴어 Zincum에서 유래.

녹는점	419.58 ℃
끓는점	907 ℃
밀도	7.133 g/cm³

31	갈륨 Gallium	69.72	4 / 13

Ga

전자상가의 인기 원소

【gǽliəm】
발견: 1875년

"갈륨? 그게 뭐지?"라는 사람이 많을 듯한데. 플레이스테이션3, 블루레이 디스크(Blu-ray Disc) 등에 빠질 수 없는 원소다. 갈륨의 용도는 대부분 반도체와 발광 다이오드(LED)이며, 최근 영상기기에 질화갈륨의 반도체 레이저가 도입되고 있다. 지금까지 어렵게 여겨졌던 파란색 발광이 가능해지고, 디지털에서 고화질의 칼라가 가능해진 것 모두 갈륨 덕분이다. 프랑스의 라틴어명 '갈리아(Gallia)'에서 유래.

녹는점	29.78 ℃
끓는점	2403 ℃
밀도	5.907 g/cm³

32	저마늄/게르마늄 Germanium	72.64	4 / 14

Ge

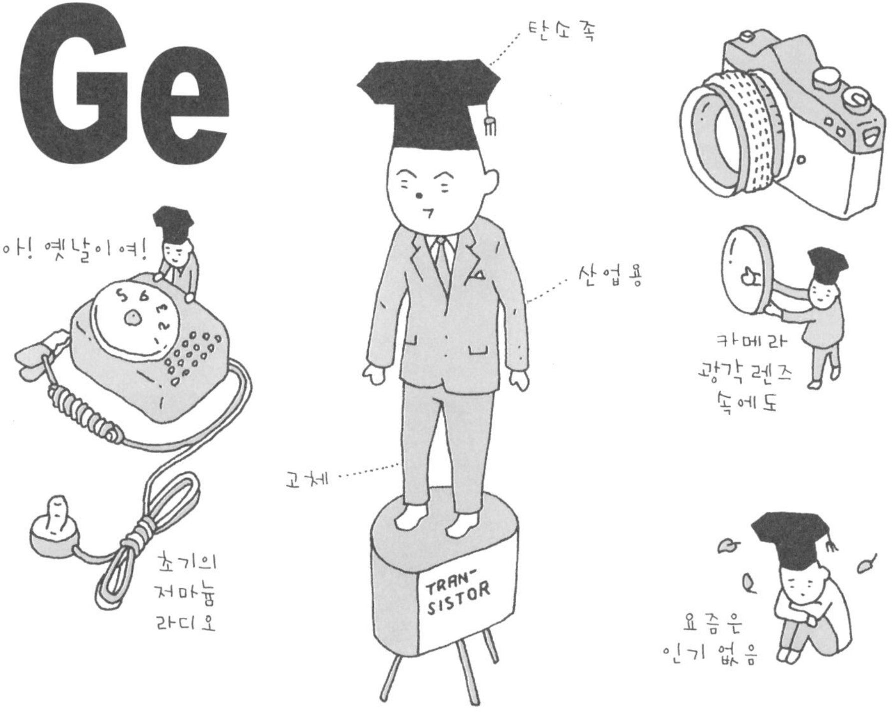

한때는 잘나갔던 원소

【dʒərméiniəm】
발견: 1885년

좀 괴짜 같은 이름이지만, 오디오 마니아에게 향수를 불러일으킬 수도. 1953년 소니가 만든 세계 최초의 트랜지스터라디오의 심장부에 저마늄이 사용되었기 때문이다. 반도체 개발 초기에는 활약했지만, 다른 원소들에게 자리를 내주면서 전자 산업에서도 은퇴를 준비하고 있다. 최근에는 저마늄 찜질, 온천 등 웰빙 효과로 그 명맥을 이어가고 있다. 독일의 옛 이름 '게르마니아(Germania)'에서 유래.

녹는점	937.4 ℃
끓는점	2830 ℃
밀도	5.323 g/cm³

33	비소 Arsenic	74.92	4 / 15

As

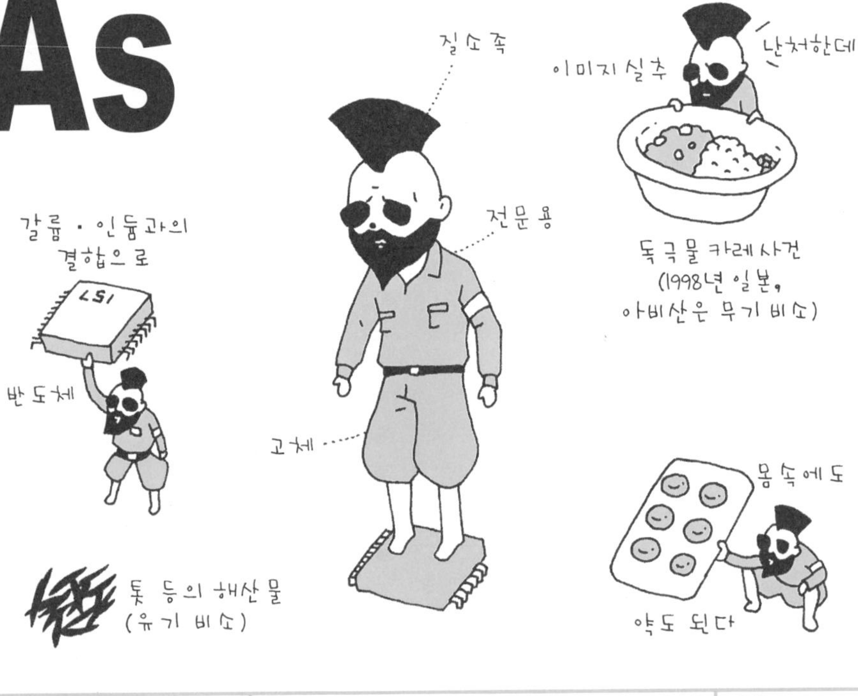

냉혹하고 무자비한 얼굴

【ɑ́ːrsənik】
발견: 중세

독극물이라는 어두운 이미지가 강하다. 나폴레옹을 죽음에 이르게 한 것도 '아비산'이라는 비소화합물이었다고. 무색무취이지만 체내에 들어가면 효소 작용을 차단시킨다. 그러나 해초인 톳 등에 함유된 것은 유기 비소로 중독을 일으키지 않는다. 반도체 재료로 높이 평가받기도 한다. 그리스어의 '노란색 분말(arsenikon)'에서 유래.

녹는점	817 (금속성, 가압상태)	℃
끓는점	616 (승화)	℃
밀도	5.78 (금속성)	g/cm^3

34	셀레늄(셀렌) Selenium	78.96	4 / 16

Se

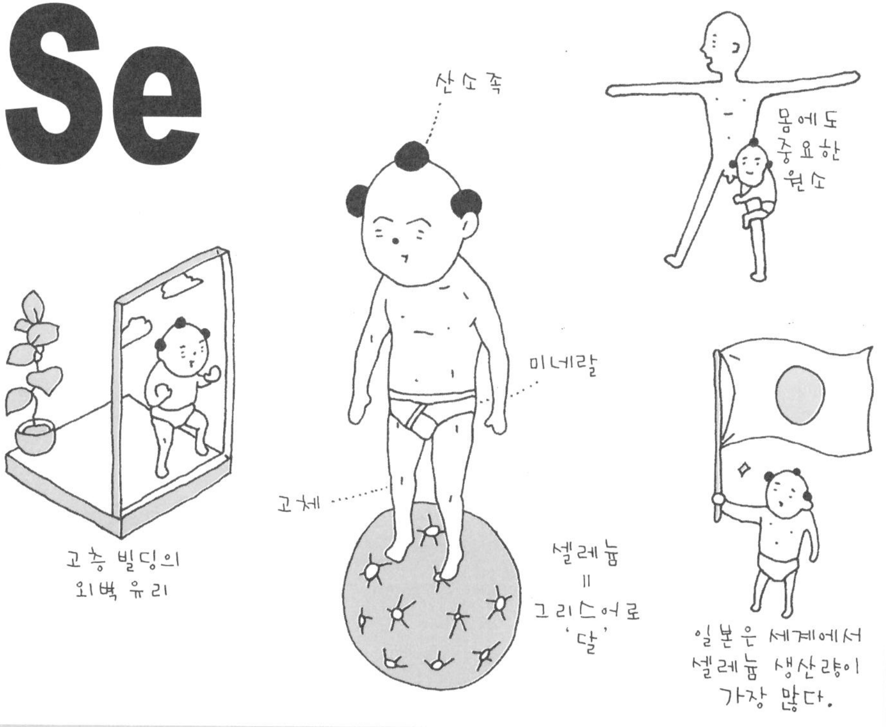

선과 악, 두 얼굴을 가진 남자

【silíːniəm】
발견: 1817년

황과 같은 족의 원소로 냄새가 무척 지독하다. 인체의 대사에 꼭 필요해 부족할 경우 면역력이 떨어지고, 반대로 과다 섭취하면 위장장애를 일으키는 유해 원소로 둔갑! 결핍과 중독의 경계선이 뚜렷하지 않으므로 섭취에 주의해야 한다. 곡물이나 야채, 소고기, 달걀, 땅콩 등 많은 식품에 들어 있다. 광전도 효과가 있어 야간 촬영용 카메라에도 쓰인다. 그리스어의 '달(selene)'에서 유래.

녹는점	217 ℃
끓는점	684.9 ℃
밀도	4.79 (회색, 고체) g/cm³

35	브로민(브롬) Bromine	79.90	4 / 17

Br

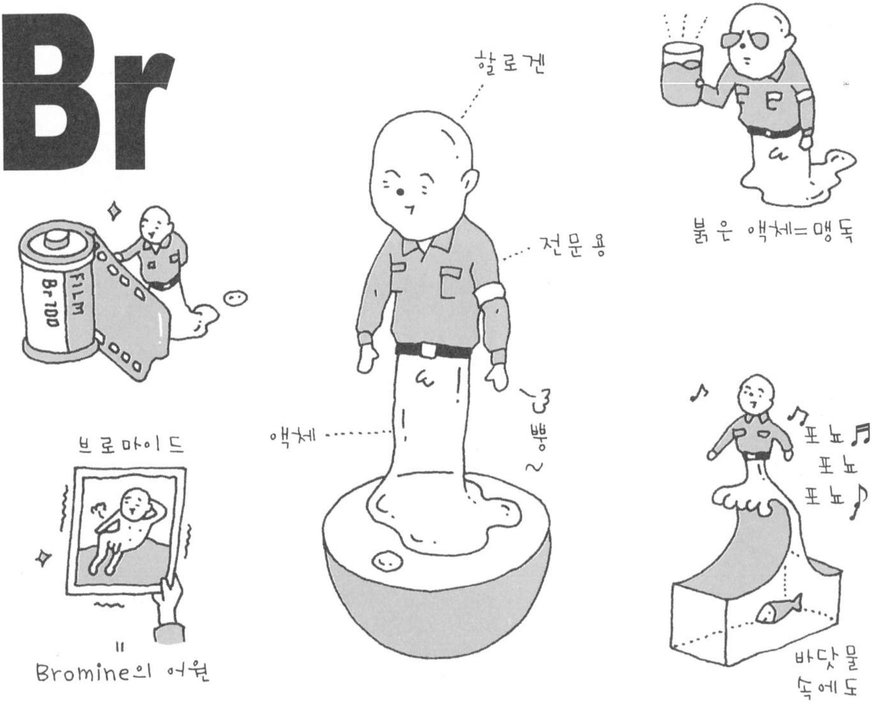

이름과 달리 로맨티스트

【bróumiːn】
발견: 1826년

1826년 23살의 두 학생, 프랑스의 발라르(Balard)와 독일의 레비히(Löwig)가 첫 발견의 영광을 다투었다는 일화가 있다. 실제로 냄새가 지독한 모양이다. 조개의 일종에 포함되어 있으며, 아름다운 자주색을 띠고 있기 때문에 동양과 고대 유럽에서는 의복을 염색하는 데 사용하였다고. 브롬화은은 '은염 필름'이라고 하여 사진의 감광재로 이용한다. 그리스어의 '악취(bromos)'에서 유래.

녹는점	-7.3 ℃
끓는점	58.78 ℃
밀도	3.1226 (액체, 20℃) g/cm³

36	크립톤 Krypton	83.80	4 18

Kr

눈부시게 환한 플래시

【kríptɑn】
발견: 1898년

슈퍼맨의 고향 '크립톤 별'로 유명해진 원소. 액체공기에서 발견되었다. 아르곤이나 헬륨에 비해 발견이 무척 어려웠기 때문에 그리스어의 '감춰진(kryptos)'에서 명명되었다. 크립톤 가스를 전구 안에 넣으면 아르곤을 넣은 일반 백열전구보다 효율이 높고, 소형화도 가능해 크립톤 램프, 섬광등 등에 사용된다. 1960년에 크립톤 원소의 파장을 길이의 단위로 사용한 적도 있었다.

녹는점	-156.6 ℃
끓는점	-152.3 ℃
밀도	0.0037493 (기체, 20℃) g/cm³

주기

PERIOD

5

원자번호

ATOMIC NUMBER

37→54

37

루비듐
Rubidium

38

스트론튬
Strontium

39

이트륨
Yttrium

40

지르코늄
Zirconium

41

나이오븀(니오브)
Niobium

42

몰리브데넘(몰리브덴)
Molybdenum

43

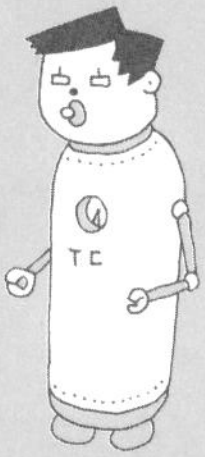

테크네튬
Technetium

44

루테늄
Ruthenium

45

로듐
Rhodium

46

팔라듐
Palladium

47

은
Silver

48

카드뮴
Cadmium

49

인듐
Indium

50

주석
Tin

51

안티모니(안티몬)
Antimony

52

텔루륨(텔루르)
Tellurium

53

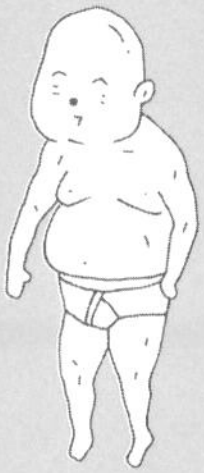

아이오딘(요오드)
Iodine

54

제논/크세논
Xenon

37	루비듐 Rubidium	85.47	5 1

Rb

우주의 타임키퍼

【ruːbídiəm】
발견: 1861년

'뚜 뚜 뚜— ○○ 시를 알려 드립니다.' 텔레비전이나 라디오의 정확한 시간 정보, 바로 루비듐을 사용한 원자시계 덕분이다. 루비듐의 에너지 변화를 이용해 오차가 10년에 1초 정도라니 상당히 정확하다. 또 방사성 루비듐의 수명이 약 488억 년으로 길어 지구의 광석이나 우주에서 날아온 운석에 포함된 루비듐의 잔량을 계산하면, 대략 어느 시대 것인지 추측할 수 있다고 한다. 라틴어의 '진한 빨강(rubidius)'에서 유래.

녹는점	39.1 ℃
끓는점	688 ℃
밀도	1.532 g/cm³

38	스트론튬 Strontium	87.62	5 / 2

Sr

낭만과 건강의 지킴이

【strɑ´nʃiəm】
발견: 1787년

축제의 밤, 불꽃놀이 때 특히 눈에 띄는 붉은 빛이 스트론튬이다. 알칼리금속이나 알칼리토금속은 원소마다 불꽃 색깔이 다른데, 매우 선명한 빛으로 타기 때문에 자동차에 탑재된 발연통에도 사용된다. 알칼리토금속의 맏형 같은 칼슘과 비슷해 뼈에 흡수되기 쉬운 성질이 있으며, 방사성의 스트론튬은 뼈 종양의 진단이나 치료 등에도 이용된다. 이 원소가 처음 발견된 스코틀랜드의 마을 '스트론티안(strontian)'에서 유래.

녹는점	769 ℃
끓는점	1384 ℃
밀도	2.54 g/cm³

39 이트륨
Yttrium

88.91

5

3

Y

레이저 업계의 개척자

【ítriəm】
발견: 1794년

남자아이들이 좋아하는 장난감으로 '레이저총'이란 것이 있다. '레이저(LASER)'란 '방사의 유도방출에 의한 빛의 증폭'이라는 의미의 영어 약자다. 이트륨은 레이저의 대표격인 'YAG레이저'로 사용되고 있다. 이트륨과 알루미늄의 산화물에서 생긴 결정으로 강한 레이저광을 낸다. 용접이나 수술 등 여러 방면에서 활약 중. 스웨덴의 도시 '이테르비(ytterby)'에서 유래.

녹는점	1522 ℃
끓는점	3338 ℃
밀도	4.469 g/cm³

40	지르코늄 Zirconium	91.22	5 4

Zr

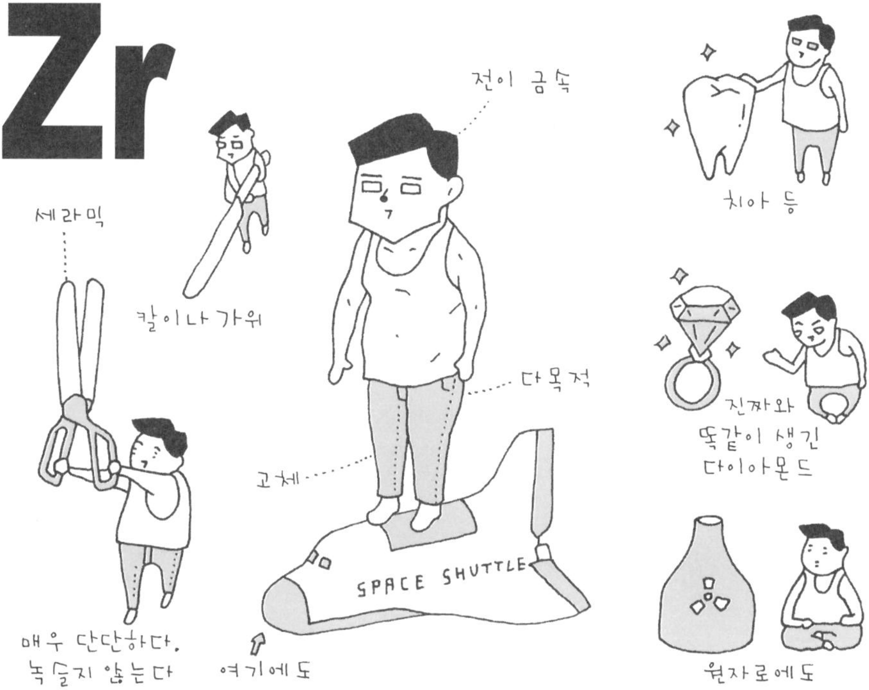

우리에게도 다이아몬드를!

【zəːrkóuniəm】
발견: 1789년

여성들에게 인기 있는 원소다. 가공하면 다이아몬드와 흡사한 빛을 내는 결정이 되므로(큐빅 지르코니아) 액세서리로 인기가 높다. 한편, 지르코늄 산화물의 분말을 태워서 굳히면 금속보다 강하고 녹슬지 않는 '파인 세라믹스' 완성. 주로 흰색 날의 식칼로 쓰인다. 페르시아어의 '황금색(zargon)'에서 유래.

녹는점	끓는점	밀도
1852 ℃	4377 ℃	6.506 g/cm³

41	나이오븀(니오브) Niobium	92.91	5 / 5

Nb

미래의 '편리'를 약속!

【naióubiəm】
발견: 1801년

나이오븀은 원자번호 73번 '탄탈럼(그리스 신화 탄탈로스에서 유래)'과 화학적 성질이 비슷하여 탄탈로스의 딸 '니오베(Niobe)'에서 이름을 따왔다. 제트엔진, 우주왕복선의 몸체나, 리니어 모터카의 동력으로 이용되는 등 최근에 잘나가는 원소다. 강철과 결합하면 열에 강한 합금이 되며, 장애 없이 전류를 흐르게 하는 능력(초전도)이 있다. 우수한 전자석을 만들 수 있다.

녹는점	2468 ℃
끓는점	4742 ℃
밀도	8.57 g/cm^3

42

몰리브데넘(몰리브덴)

Molybdenum

95.94

5

6

Mo

다각적 경영의 대장간

【məlíbdənəm】
발견: 1778년

철과의 합금 몰리브데넘강은 잘 녹슬지 않는 뛰어난 강도를 자랑하는 금속이다. 몰리브데넘강 식칼은 날이 잘 들어 가격이 매우 비싸다. 제트기 바퀴축 부분, 로켓의 엔진 등 특수 기계의 재료로 활약하는 전문가다. 최근에 몰리브데넘을 사용, 적은 양의 전기로 효율적으로 온수를 만들 수 있는 기술이 개발되었다. 그 밖에 세라믹 히터나 비데 등에도 사용된다. 그리스어의 '납(molybdos)'에서 유래.

녹는점	2617 ℃
끓는점	4612 ℃
밀도	10.22 g/cm^3

43	**테크네튬** Technetium	[99]	5 / 7

Tc

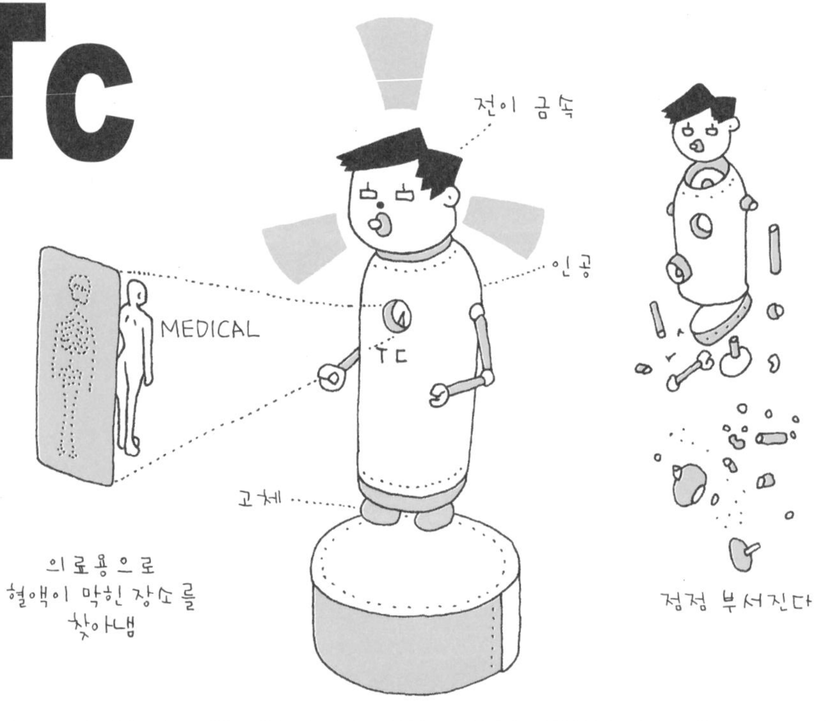

역사상 최초의 인공원소

원래 43번 원소는 지구의 탄생 때 존재했었으나, 먼 옛날 모두 소멸되어 버렸다. 하지만 과학자들의 수많은 노력과 시행착오 끝에 드디어 재탄생하게 되었다. '방사성 원소'로서 방사선을 내는 성질이 있으며, 방사선 검사나 혈관 막힘을 측정하는 의료용 진단제로 기여하는 바가 크다. 그리스어의 '인공적(technikos)'에서 유래.

【tekniʃiəm】
발견: 1937년

녹는점	2172 ℃
끓는점	4877 ℃
밀도	11.5 g/cm³

44 루테늄 Ruthenium

101.1

5

8

Ru

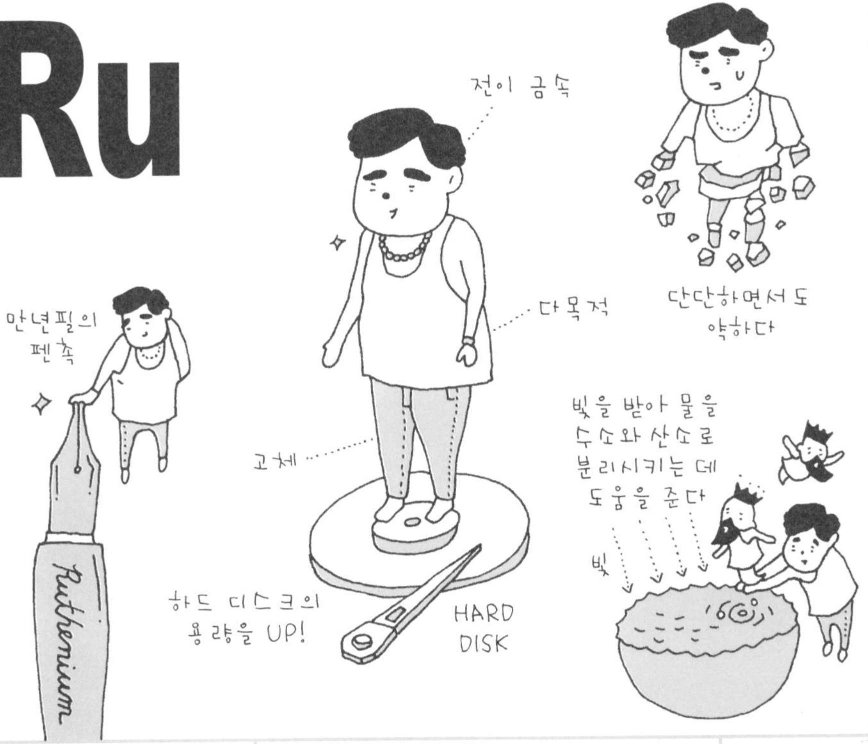

출생도 성장도 명문가

【ruːθíːniəm】
발견: 1844년

고가의 귀금속에 속하지만, 액세서리로 활약하는 것은 아니다. 유기합성화학의 촉매로써 2001년과 2005년, 노벨상 수상 연구에도 공헌했다. 현재 컴퓨터의 하드디스크 용량을 크게 늘린 자기디스크 재료로도 이용되고 있다. 아름다운 광택이 나고, 노화되지 않기 때문에 고급 만년필 펜촉으로 쓰인다. 왠지 고급스런 분위기의 원소다. 러시아의 라틴어명 '루테니아(ruthenia)'에서 유래.

녹는점	2310 ℃
끓는점	3900 ℃
밀도	12.37 g/cm³

45	로듐 Rhodium	102.9	5 9

Rh

무대를 빛내는 숨은 공로자

【róudiəm】
발견: 1803년

세계에서 연간 16만 톤밖에 산출되지 않는 희소가치가 높은 귀금속이다. 백금이나 금보다 고급품으로 시중에서는 거의 찾아볼 수 없다. 대신 다른 귀금속을 코팅하는 데 주로 쓰인다. 아름다운 백색으로, 변색되지 않으며 부식에 강하고 가공하기도 쉽다. 은이나 백금의 액세서리에 도금하면 고운 빛이 오래간다. 혼자서 갈채를 받기보다 타인을 조용히 빛내주는 착한 원소. 그리스어의 '장미(rhodon)'에서 유래.

녹는점	1966 ℃
끓는점	3727 ℃
밀도	12.41 g/cm³

46	팔라듐 Palladium	106.4	5 10

Pd

미운 오리새끼가 백조로!

【pəléidiəm】
발견: 1803년

과거, 금광에서 팔라듐이 섞인 금은 품질이 떨어져 인기가 없었다. 백금광에서 '로듐'과 함께 발견되었는데, 같은 시기에 세계를 놀라게 한 소행성 '팔라스(pallas)'의 이름을 따서 팔라듐이라 이름 붙여졌다. 자신보다 900배 이상의 부피에 달하는 수소를 흡수하는 성질이 있으며, 수소를 사용한 연료 전지 등의 재료나, 유기화합물 제조를 위한 촉매로 연구 현장에서 주로 사용된다.

녹는점	끓는점	밀도
1552 ℃	3140 ℃	12.02 g/cm^3

47	은 Silver	107.9	5 11

Ag

매력과 능력을 고루 갖춘 우등생!

【sílvər】
발견: 고대

고대부터 애용되어 온 귀금속의 대표주자다. 백색의 광채로 로맨틱한 이미지와 잘 어울린다. 가공하기 쉽고 가격도 비싸지 않아 액세서리나 식기 등에 많이 쓰인다. 은 이온이 세균효소와 잘 결합하기 때문에 살균작용에 효과가 크며, 데오토란트 스프레이나 방취 섬유 등 여러 방면에서 활약 중이다. 천적은 황. 황과 접촉하면 검고 칙칙하게 변하므로 온천 이용 때는 주의를! 앵글로색슨어의 '은(seolfor)'에서 유래.

녹는점	961.93 ℃
끓는점	2212 ℃
밀도	10.5 g/cm³

48 카드뮴 Cadmium

112.4

5

12

Cd

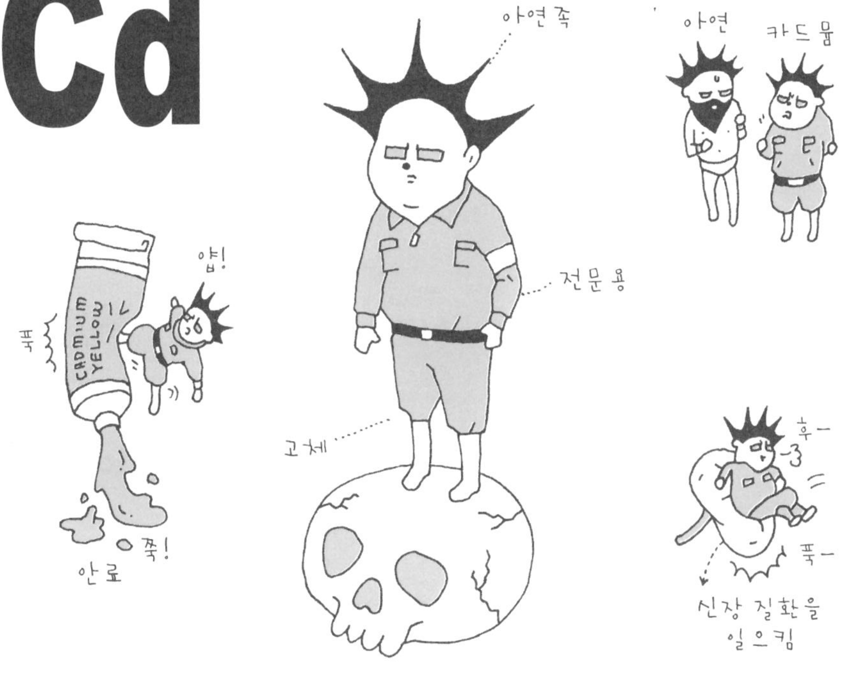

폭주하는 미치광이 과학자

【kǽdmiəm】
발견: 1817년

1910~70년대, 일본에서 발생한 '이타이이타이병'의 원인이 광산에서 흘러나온 카드뮴으로 밝혀지면서 위험성이 알려졌다. 인체의 필수원소인 아연과 꽤 비슷하기 때문에 흡수가 잘 되지만, 몸속에 쌓이면 뼈를 무르게 한다. 현재는 안료나 니켈-카드뮴 축전지 등에 사용되는데, 사용법이 엄격히 규제되고 있다. 라틴어의 '카드미아(cadmia ; $ZnCO_3$ 화합물의 이름)'에서 유래.

녹는점
320.9 ℃

끓는점
765 ℃

밀도
0.00865 (25℃) g/cm^3

49	인듐 Indium	114.8	5 / 13

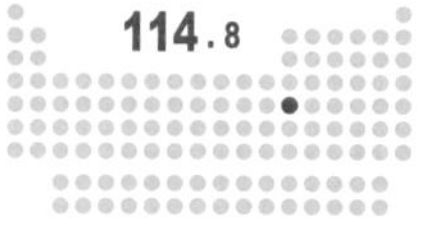

In

인기 절정, 시대의 총아!

【índiəm】
발견: 1863년

현재, 텔레비전 제조 메이커가 총력을 기울이고 있는 '액정 텔레비전'은 바로 인듐이 활약하는 무대다. 전기를 잘 통하고 게다가 투명해서 우수한 막을 만들 수 있기 때문에 액정, 플라즈마, 유기 EL(유기 Electro-Luminescence의 약자. 전기로 유기물이 발광하는 현상. 차세대 액정 디스플레이) 등에 사용한다. 인듐 원소의 스펙트럼에서 관측되는 '남색선(indigo line)'에서 유래.

녹는점	156.17 ℃
끓는점	2080 ℃
밀도	7.31 (25℃) g/cm³

50 주석 Tin

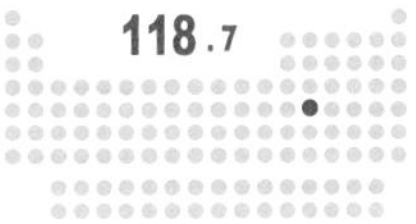

5

14

Sn

고대의 영웅 현재는 백수!

【tin】
발견: 고대

구리와 마찬가지로 고대부터 활약해 온 원소다. 매장량이 많고, 녹이기 쉬우며, 가공하기도 쉽다. 구리와의 합금인 '청동'은 기원전에 무기로 제조되어 세계의 역사를 좌우했다. 변하기 쉬운 성질 때문에 실용적이지 못하지만 장난감이나 깡통, 땜납, 활자 등 옛것을 만드는 데 주로 사용된다. 납과 은의 합금을 가리키는 라틴어의 '스탄눔(stannum)'에서 유래.

녹는점	231.9681 ℃
끓는점	2270 ℃
밀도	7.31 (백색주석) g/cm³

51	안티모니(안티몬) Antimony	121.8	5 / 15

Sb

클레오파트라가 애호!

【ǽntimòuni】
발견: 1450년

과거에는 납을 섞어 활자로 사용하기도 했다. 현재는 반도체 재료나 납축전지의 전극 등으로 사용. 안티모니 분말은 고대 이집트의 여왕 클레오파트라의 눈 주위를 검게 칠한 아이섀도로도 유명하다. 하지만 독성이 알려지면서 현대의 여성들은 쓸 수 없다. 안티모니의 광석인 휘안석이 다른 광물에 수반해서 산출되는 경우가 많아 '반대(anti)', '고독(monos)'을 합친 '안티모늄(antimonium)'에서 유래.

녹는점	630.74 ℃
끓는점	1635 ℃
밀도	6.691 g/cm³

52 텔루륨(텔루르)

Tellurium

127.6

5

16

Te

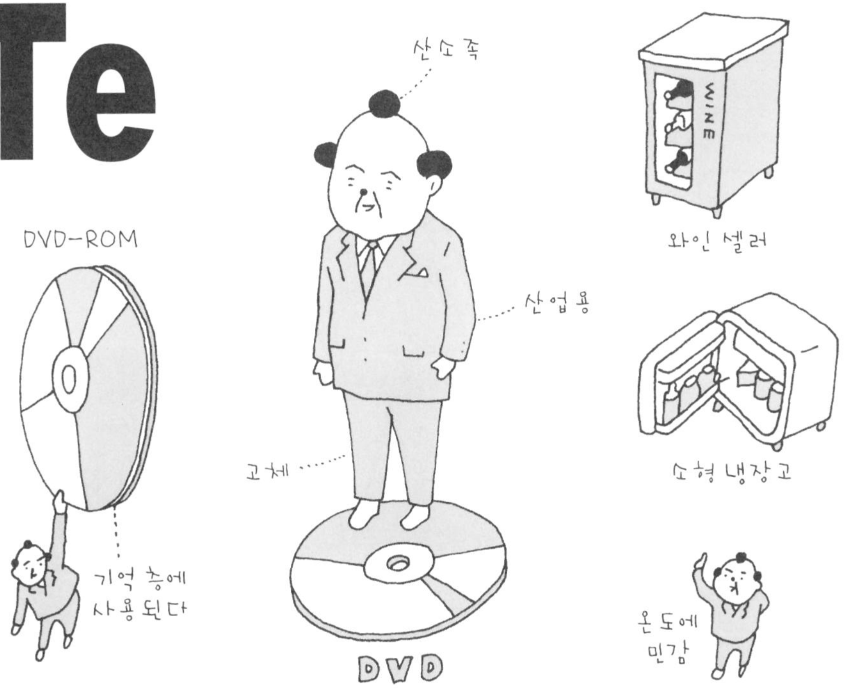

귀엽지만 심한 냄새!

【telúəriəm】
발견: 1782년

왠지 이름이 멋지다. DVD 디스크의 정보 기록을 도와주거나, 녹색의 발광 다이오드도 되는 부지런한 원소. 도자기, 에나멜, 유리의 적색과 황색을 내는 재료로 사용되기도 한다. 비스무트, 셀레늄과 결합해 조용하면서 온도 조절이 뛰어난 소형 냉장고를 만들어 냈다. 하지만 마늘 냄새가 난다는 게 단점. 황이나 셀레늄과 같은 심한 냄새족이다. 라틴어의 '지구(tellus)'에서 유래.

녹는점	449.5 ℃
끓는점	990 ℃
밀도	6.24 g/cm³

53 아이오딘(요오드)
Iodine

126.9

5
17

미역 등의 해초에서 탄생

【áiədàin】
발견: 1811년

갑상선 호르몬 성분으로 인체에 꼭 필요한 미네랄이다. 해초에 많이 포함되어 있다. 일본의 치바현은 세계 2위의 아이오딘 산출지로, 지하수 층에 대량으로 존재한다. 아이오딘화은이란 화합물은 놀랍게도 인공비를 내리게 할 수도 있다고. 그리스어의 '보라색(iodes)'에서 유래. 1986년 체르노빌 원전 사고에서 방사성 요오드가 대기로 방출되어 주변 지역에서 갑상선암이 많이 발생하였다.

녹는점	113.6 ℃
끓는점	184.4 ℃
밀도	4.93 g/cm³

54	제논/크세논 Xenon	131.3	5 18

Xe

우주를 나는 기적의 가스

【zí□nan】
발견: 1898년

미국의 우주탐사선 '딥 스페이스1'. 유럽의 우주 기관 '스마트1', 일본의 소혹성 탐사선 '하야부사' 이들이 우주공간을 이동할 때 사용한 것이 제논이다. 제논을 추진제로 사용한 이온 엔진은 로켓 엔진의 10배 이상 연비가 좋다고 한다. 그밖에도 현재 유행 중인 플라즈마 디스플레이(PDP)의 봉입가스에도 사용되는 등 상승세를 타는 원소. 그리스어의 '이방인(xenos)'에서 유래.

녹는점	-111.9 ℃
끓는점	-107.1 ℃
밀도	0.0058971 (기체, 20℃) g/cm³

주기
PERIOD
6

원자번호
ATOMIC NUMBER
55→86

55
세슘
Cesium
56
바륨
Barium
57
란타넘(란탄)
Lanthanum
58
세륨
Cerium
59
프라세오디뮴
Prasoedymium
60
네오디뮴
Neodymium
61
프로메튬
Promethium
62
사마륨
Samarium
63
유로퓸
Europium
64
가돌리늄
Gadolinium
65
터븀/테르븀
Terbium
66
디스프로슘
Dysprosium
67
홀뮴
Holmium
68
어븀/에르븀
Erbium
69
툴륨
Thulium
70
이터븀/이테르븀
Ytterbium
71
루테튬
Lutetium
72
하프늄
Hafnium
73
탄탈럼(탄탈)
Tantalum
74
텅스텐
Tungsten
75
레늄
Rhenium
76
오스뮴
Osmium
77
이리듐
Iridium
78
백금
Platinum
79
금
Gold
80
수은
Mercury
81
탈륨
Thallium
82
납
Lead
83
비스무트
Bismuth
84
폴로늄
Polonium
85
아스타틴
Astatine
86
라돈
Radon

55	세슘 Cesium	132.9	6 / 1

Cs

'1초'를 결정한다

'1초, 1초의 기준은 뭐지?' 한 번쯤 가져볼 만한 물음이다. 시간의 길이는 지구의 자전속도를 기준으로 오랫동안 정해져 왔다. 그런데 1967년 국제도량형총회(CGPM)에서 시간을 좀더 정확하게 잴 것을 협의하면서 등장한 것이 바로 세슘이다. 세슘 원자의 전자파 주기를 기준으로 1초가 정의되었다. 세슘의 원자시계는 최고의 정밀도를 자랑하는데 오차 범위는 30만 년에 1초라고! 라틴어의 '청색(caesius)'에서 유래.

【síːziəm】
발견: 1860년

녹는점	끓는점	밀도
28.40 ℃	668.5 ℃	1.873 g/cm³

56	바륨 Barium	137.3	6 / 2

Ba

직업은 의사, 집에 오면 깡패

【bέəriəm】
발견: 1808년

바륨이라 하면 'X레이 검사 때 마시는 하얀 액체(황산바륨)'가 생각날 것이다. X선을 비추면 하얗게 보이기 때문에 위의 상태를 살피는 데 편리하다. 하지만 물에 녹는 바륨 이온이 되면 성질이 180도 바뀌어 맹독성을 띤다. 체내에 들어가면 구토 또는 마비를 일으킨다. 금속 바륨은 공기 중에서 격렬한 반응을 하기 때문에 석유에 넣어 보존하는 위험물. 중정석(barite)의 성분이라는 데서 바륨이라 명명.

녹는점	729 ℃
끓는점	1637 ℃
밀도	3.594 g/cm³

57

란타넘(란탄)

Lanthanum

138.9

6

3

La

아웃사이더 집단의 우두머리

【lǽnθənəm】

발견: 1839년

원소주기율표에서 동떨어져 '나홀로 섬'에서 살고 있는 '란탄계열'과 '악티늄계열'. 란탄계열의 15개 원소는 성질과 용도가 상당히 비슷하다. 단, 이들 대부분이 자성을 가진 데 반해서 란타넘은 자성이 없다. 라이터의 발화석에 사용되며, 시야가 선명한 광학렌즈를 만들 수 있기 때문에 휴대전화의 카메라에도 이용된다. 그리스어의 '감추어져 있다(lantanein)'에서 유래.

녹는점

921 ℃

끓는점

3457 ℃

밀도

6.145 (25℃) g/cm³

58 세륨 Cerium

【síəriəm】
발견: 1803년

Ce

란탄계열의 기둥

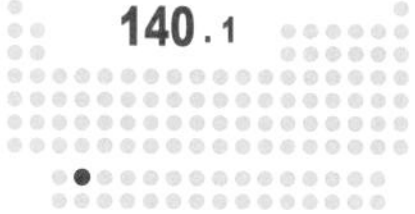

원자량	140.1
주기	6
족	3
녹는점	799 ℃
끓는점	3426 ℃
밀도	6.749 (β 고체, 25℃) g/cm³

언뜻 눈에 띄지 않은 듯 보이지만 구리나 은보다 더 흔한 원소다. 자외선 흡수효과가 있어서 선글라스 및 UV 차단 유리로 쓰인다. 배기가스 정화용 촉매로 엔진에 탑재되는 등 다양한 곳에서 활약한다. 1801년 발견된 소행성 '세레스(ceres)'에서 유래.

59 프라세오디뮴 Praseodymium

【prèizioudímiəm】
발견: 1885년

Pr

황색의 마술

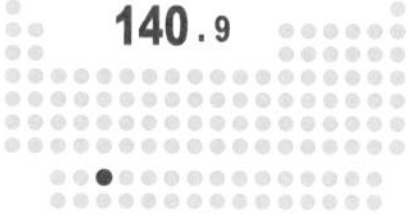

원자량	140.9
주기	6
족	3
녹는점	931 ℃
끓는점	3512 ℃
밀도	6.773 g/cm³

순수한 프라세오디뮴은 은백색의 고체이지만 산화되면 노란색으로 변하는 원소다. 푸른빛을 흡수하는 힘을 가지고 있기 때문에 용접용 마스크로 쓰인다. 노란색을 살려서 도자기를 완성하는 유약으로도 쓰인다. 그리스어의 '초록색(prason)'과 '디디뮴(didymium)'에서 유래.

60	네오디뮴 Neodymium	144.2	6 / 3

Nd

사상 최강의 슈퍼 자석

【niːoudímiəm】
발견: 1885년

프라세오디뮴과 같은 돌에서 발견된 쌍둥이 형제로, 네오디뮴은 '새로운 쌍둥이'라는 의미다. 네오디뮴에는 놀랄만한 잠재 능력이 있는데, 철 등 몇 종류의 원소를 결합시키면 최강의 자석이 된다는 것. 1982년 일본의 스미토모 특수금속에 재직하던 사가와 마사토가 발명했으며, 당시 최강으로 알려지던 다른 자석보다 약 1.5배나 강해서 일약 영광의 자리를 차지했다. 그리스어의 '새롭다(neos)'에서 유래.

녹는점	1021 ℃
끓는점	3068 ℃
밀도	7.007 g/cm^3

61	프로메튬 Promethium

Pm

【prəmíːθiəm】
발견: 1926년

원자로에서 태어난 아기

[145]	6	녹는점 1168 ℃
		끓는점 약 2727 ℃
	3	밀도 약 7.22 g/㎤

그리스 신화에서 인류에게 불을 선사한 신 '프로메테우스(Prometheus)'의 이름을 가진 란탄계열의 유일한 인공방사성 원소다. 지금도 날마다 원자로에서 태어나고 있다. 방사선을 방출할 때의 열을 이용한 원자력 전지로써의 용도가 유력하다.

62	사마륨 Samarium

Sm

【səméəriəm】
발견: 1879년

자석계의 2인자

150.4	6	녹는점 1077 ℃
		끓는점 1791 ℃
	3	밀도 7.52 g/㎤

네오디뮴에게 세계 최강의 자리를 물려주었다. 란탄계열 자석은 소량으로도 상당히 자력이 뛰어나기 때문에, 이어폰 등 소형 · 경량 기기에 반드시 필요하다. 러시아의 발견자 '사마르스키(Samarski)'의 이름을 따서 원소명이 결정되었다.

63	유로퓸 Europium	152.0	6 / 3

Eu

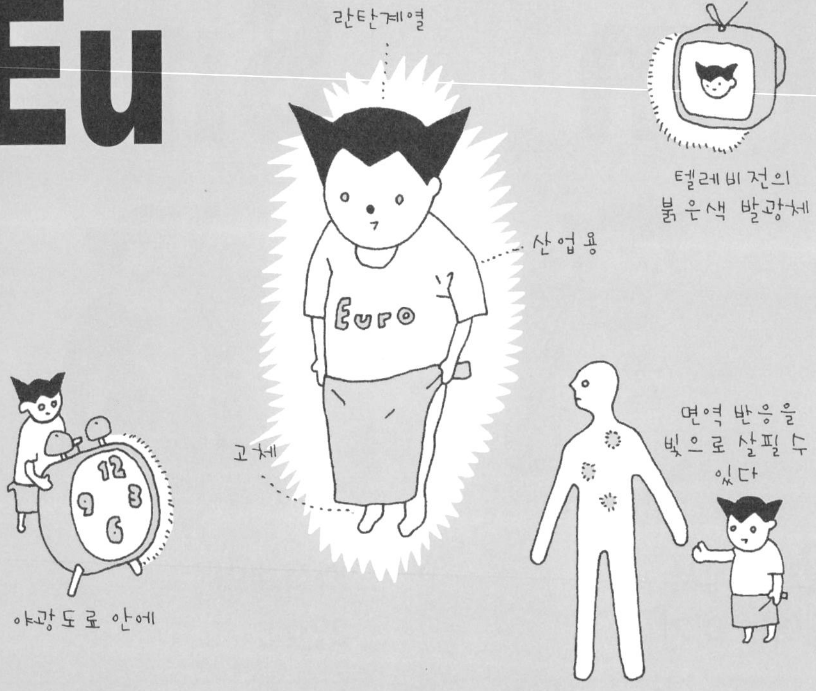

암흑을 밝히는 밤의 왕자

【juəróupiəm】
발견: 1896년

자명종이나 손목시계 등을 어두운 곳에서 보면 눈금이 은은한 빛을 내는데, 바로 유로퓸 때문이다. 야광도료에는 발광체로 들어 있다. 주광색(햇빛에 가까운 색) 형광등의 붉은색, 텔레비전의 붉은색 발광체 역시 유로퓸이 담당하고 있다. 유로퓸이 가지는 형광의 세기와 수명을 이용한 면역분석법이 의학과 생물영역에서 사용 중이다. '유럽(Europe)'의 이름에서 유래.

녹는점	822 ℃
끓는점	1597 ℃
밀도	5.243 g/cm³

64 가돌리늄
Gadolinium

【gæ`dəlíniəm】
발견: 1886년

Gd

자력으로 질병을 찾아내다!

157.3

6

3

녹는점 1313 ℃

끓는점 3266 ℃

밀도 7.9004 (25℃) g/cm^3

몸속을 촬영하는 MRI 검사 전에 마시는 조영제로 사용된다. 원자핵에서 방출되는 중성자를 흡수하기 때문에 원자력 발전소에서도 활약 중이다. 이트륨을 발견한 핀란드의 화학자이자 광물학자인 '가돌린(Gadolin)'의 이름에서 유래.

65 터븀/테르븀
Terbium

【tə´ːrbiəm】
발견: 1843년

Tb

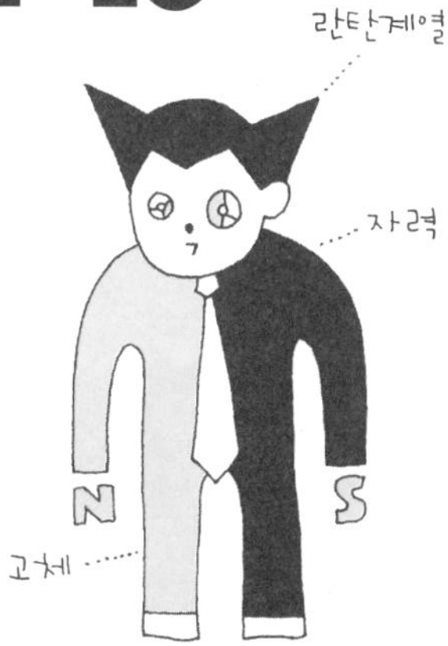

인기도 잠깐!

158.9

6

3

녹는점 1356 ℃

끓는점 3123 ℃

밀도 8.229 g/cm^3

얼마 전까지만 해도 인기를 모았던 MO, MD 디스크. 이러한 자기디스크에서 활약한 것이 터븀이었다. 현재는 발광체로서 텔레비전에 사용되며, 자성을 살려서 전동자전거, 자성 유리의 원료로 이용되고 있다. 스웨덴의 도시인 '이테르비(Ytterby)'에서 유래.

66 디스프로슘 Dysprosium

【dispróusiəm】
발견: 1886년

Dy

네오디뮴과는 명콤비

162.5	6	녹는점	1412 ℃
		끓는점	2562 ℃
	3	밀도	8.55 g/cm³

최강의 네오디뮴 자석에게도 약점이 있으니, 온도가 올라가면 자력이 떨어진다는 것이다. 이러한 약점을 커버해주는 것이 바로 디스프로슘. 하이브리드 자동차의 모터 등 고온이 되는 용도에 꼭 필요한 짝이다. 그리스어의 '얻기 힘들다(dysprositos)'에서 유래.

67 홀뮴 Holmium

【hóulmiəm】
발견: 1879년

Ho

남성 질환에 기대효과!

164.9	6	녹는점	1474 ℃
		끓는점	2395 ℃
	3	밀도	8.795 g/cm³

중 · 노년 남성들이 고민하는 질병 중 하나가 '전립선비대증'인데, 이 치료에 홀뮴을 사용한 레이저가 쓰인다. 절개와 동시에 지혈이 가능해 통증과 손상을 억제할 수 있다. 위장이나 요도의 결석 제거에도 탁월하다. 스톡홀름의 옛 이름 '홀미아(Holmia)'에서 유래.

68 어븀/에르븀
Erbium

【ə´rbiəm】
발견: 1843년

Er

네트시대의 '광섬유'를 담당

167.3	6	녹는점	1529 ℃
		끓는점	2863 ℃
	3	밀도	9.066 (25℃) g/cm^3

인터넷상에서 대량의 정보를 주고받을 수 있는 것은 바로 광섬유 덕분이다. 빛에 따라 신호를 보내는 장치인데, 어븀을 사용한 광 앰프로 중계하면서 장거리 통신이 가능해졌다. 스웨덴의 광석 산지인 '이테르비(Ytterby)'에서 유래.

69 툴륨
Thulium

【θjúliəm】
발견: 1879년

Tm

어븀의 동생

168.9	6	녹는점	1545 ℃
		끓는점	1947 ℃
	3	밀도	9.321 g/cm^3

란탄계열 중에서도 양이 적고, 순물질로의 추출이 어려워 잘 이용되지 않는 원소다. 어븀과 마찬가지로 광섬유로 보내지는 빛을 증폭시켜주는 광 앰프로 사용된다. 스칸디나비아의 옛 이름 '토우레(Thule)'에서 유래.

70 이터븀/이테르븀

Ytterbium

【itə´□rbiəm】
발견: 1878년

Yb

북유럽 출신

173.0	6	녹는점	824 ℃
	—	끓는점	1193 ℃
	3	밀도	6.965 g/cm³

용도는 어븀과 비슷하지만 유리를 황록색으로 착색할 수 있다. 스웨덴의 도시이름 '이테르비(Ytterby)'에서 유래. 이테르비는 앞에서 살펴본 몇 개의 원소가 발견된 '원소 도시'이다.

71 루테튬

Lutetium

【lu□ti□ʃiəm】
발견: 1907년

Lu

금보다 비싼 왕족 원소!

175.0	6	녹는점	1663 ℃
	—	끓는점	3395 ℃
	3	밀도	9.84 g/cm³

금속의 1그램당 가격을 보면, 은의 경우 800원, 금은 50,000원, 백금은 65,000원이나 한다. 하지만 루테튬의 가격은 무려 595,000원! 가격이 비싼 만큼 연구용 외에는 거의 사용되지 않는다. 프랑스 파리의 옛 이름 '루테시아(Lutetia)'에서 명명.

72 하프늄 Hafnium

Hf

【hǽfniəm】
발견: 1922년

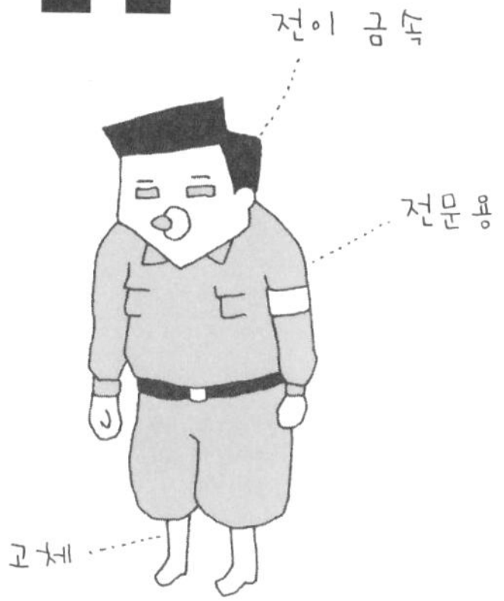

지르코늄과 표리일체

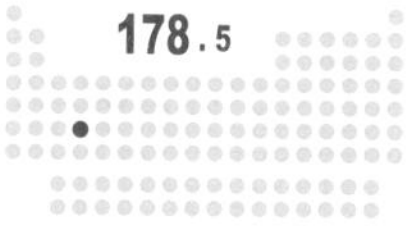
178.5

6	녹는점	2230 ℃
—	끓는점	5197 ℃
4	밀도	13.31 g/cm³

원자번호 40번 지르코늄과 성질이 매우 비슷한 원소이며, 원자로에서의 사용이 일반적이다. 중성자를 흡수하는 '제어봉'은 하프늄, 반대 작용을 하는 '연료봉'은 지르코늄이 사용된다. 덴마크 코펜하겐의 라틴어명 '하프니아(Hafnia)'에서 유래.

73 탄탈럼(탄탈) Tantalum

Ta

【tǽntələm】
발견: 1802년

인공뼈와 휴대전화에 사용

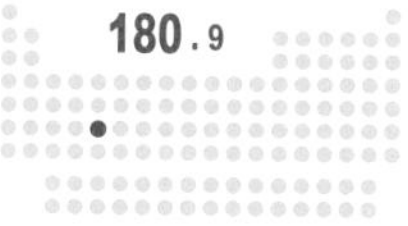
180.9

6	녹는점	2996 ℃
—	끓는점	5425 ℃
5	밀도	16.654 g/cm³

인체에 해가 없고 몸에 잘 붙기 때문에 인공뼈나 인공관절, 인공치아에 사용된다. 전기를 축적하는 콘덴서 장치에 사용되며, 작아도 성능이 좋아 휴대전화나 컴퓨터에서도 활약 중이다. 그리스 신화에 나오는 인물로 니오베의 아버지인 '탄탈로스(Tantalos)'에서 유래.

74 텅스텐 Tungsten

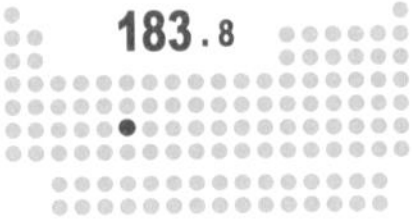

183.8

6

6

W

세계에서 가장 뜨거운 장인 정신!

【tʌ´ŋstən】
발견: 1781년

에디슨이 백열전구를 발명했을 당시, 필라멘트가 대나무라서 쉽게 끊어지는 단점이 있었다. 20세기 초 텅스텐 필라멘트가 등장한 이래, 백열전구는 텅스텐 램프로 불리고 있다. 텅스텐은 원소 중 녹는점이 가장 높고, 고온에 강하다. 탄화시키면 다이아몬드 다음으로 단단한 합금이 된다. 내마모성이 필요한 금속용 드릴이나 금형 등 공업 현장에서 맹활약 중. 스웨덴어 '무거운 돌(tung sten)'에서 유래.

녹는점	3407 ℃
끓는점	5657 ℃
밀도	19.3 g/cm³

75	레늄 Rhenium

【rí:niəm】
발견: 1925년

Re

원소 발견사 일단락

186.2	6 / 7	녹는점 3180 ℃
		끓는점 5627 ℃
		밀도 21.02 g/cm^3

천연원소 중 가장 늦게 발견되었다. 레늄이 주성분인 광물이 극히 드문 까닭. 텅스텐 다음으로 녹는점이 높은 성질을 이용해 고온측정용 온도계 부품이나 로켓 노즐 등 특수분야에서 활약 중이다. 독일의 '라인강(Rhenus)'에서 유래.

76	오스뮴 Osmium

【ɑ´zmiəm】
발견: 1803년

Os

아주 무거운 씨름 선수!

190.2	6 / 8	녹는점 3054 ℃
		끓는점 5027 ℃
		밀도 22.59 g/cm^3

다른 원소에 비해서 밀도가 크고 무거운 금속이다. 이리듐, 루테늄, 백금과 합금하면 녹슬거나 마모되지 않고 아름다운 은 광택이 나기 때문에 만년필의 펜촉으로 애용되고 있다. 그리스어의 '냄새(osme)'에서 유래.

77	이리듐 Iridium	192.2	6 / 9

Ir

'영원'에 가장 가까운 원소

【irídiəm】
발견: 1803년

금이나 백금은 잘 변하지 않아 결혼반지로 많이 쓰인다. 하지만 금속 중 가장 부식되지 않는 원소는 바로 이리듐이다. '질량'의 세계적인 기준으로 만들어진 '국제킬로그램원기'는 몇 세기가 지나도 변질되거나 무게가 변하지 않도록 이리듐 약 10%, 백금 약 90%의 합금으로 되어 있다. 영원한 사랑을 맹세하고 싶은 사람에게 이리듐 반지 적극 추천! 그리스 신화 무지개의 여신 '이리스(iris)'에서 유래.

녹는점	2410 ℃
끓는점	4130 ℃
밀도	22.56 g/cm³

78	백금 Platinum	195.1	6 / 10

Pt

뒤늦게 빛을 보는 스타!

【plǽtənəm】
발견: 1751년

고급 귀금속인 백금은 18세기 무렵까지 금과 은에 가려 빛을 보지 못했다. 하지만 지금은 광택이 변하지 않는다는 점에서 큰 인기를 얻고 있다. 부식이나 침식을 잘 견디는 성질, 즉 내식성이 강한 점을 살려서 과학용품이나 전극, 뇌동맥류의 치료용 코일과 항암제로도 주목받고 있다. 보석으로서의 가치뿐만 아니라 실력을 고루 갖춘 원소라 할 수 있다. 스페인어 '은(platina)'에서 유래.

녹는점	끓는점	밀도
1772 ℃	3827 ℃	21.45 g/cm³

79	금 Gold	197.0	6 11

Au

부와 권력, 영광의 상징

【góuld】
발견: 고대

이집트 투탕카멘의 황금마스크나 금도장 등 금은 예로부터 권력의 상징이었다. 중세 유럽에서는 금을 철이나 구리로 만들려는 '연금술'이 대유행했다. 결국 금은 만들 수 없었지만 그 축적된 연구가 현대 화학의 기반이 되었다. 열전도성, 전기전도성이 뛰어나 전자 재료로도 활약한다. 금메달이나 금화 등, 아름답고 부식되기 어려운 점 때문에 사람들에게 변함없는 사랑을 받고 있다. 라틴어의 '금(aurum)'에서 유래.

녹는점	끓는점	밀도
1064.43 ℃	2807 ℃	19.32 g/cm³

80	수은 Mercury	200.6	6 / 12

Hg

금속계의 돌연변이체

【mə´□rkjuri】
발견: 고대

금속 가운데 상온에서 액체 상태로 휘발하는 것은 수은이 유일하다. 여러 가지 금속과 결합해서 부드러운 합금(아말감)을 만들기 때문에 오래전부터 도금에 많이 쓰였으며, 현재에도 온도계나 체온계, 수은등 등에 폭넓게 쓰인다. 하지만 1956년경 일본 구마모토 현에서 발생한 '미나마타병'의 원인으로도 잘 알려져 있다. 라틴어의 '물과 은의 합성어(hydragyrum)'에서 유래.

녹는점	-38.87 ℃
끓는점	356.58 ℃
밀도	13.546 (액체, 20℃) g/cm^3

81

탈륨
Thallium

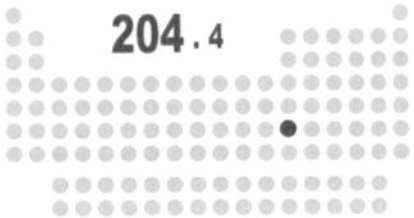

204.4

6

13

Tl

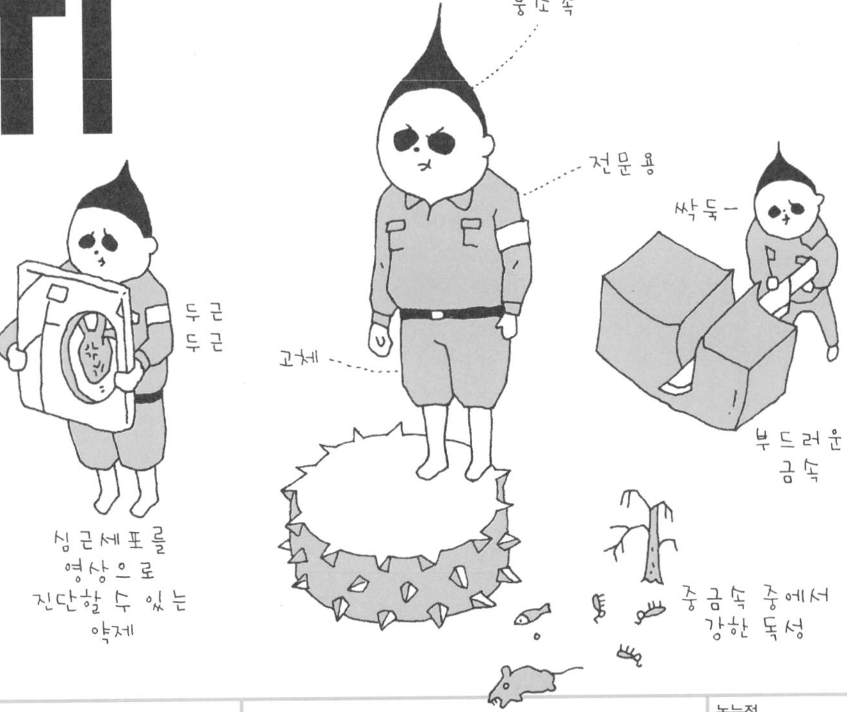

심근경색을 꿰뚫는 의외성

【θǽliəm】
발견: 1861년

독약으로 비소와 어깨를 나란히 하는 원소다. 치사량은 겨우 1그램. 애거서 크리스티의 추리소설「창백한 말」에서 사용된 것으로 유명. 최근에 탈륨의 방사선 동위체를 이용해 심근 혈류를 검사하는 약제로도 사용되고 있다. 극히 적은 양을 사용하므로 독성은 문제되지 않는다. 그리스어의 '초록색의 작은 가지(thallos)'에서 유래.

녹는점	303.5 ℃
끓는점	1457 ℃
밀도	11.85 g/cm³

82	납 Lead	207.2	6 14

Pb

은퇴를 앞둔 금속계의 중진

【li▯d】
발견: 고대

가공하기 쉬우며, 옛날부터 생활 곳곳에서 활약해 온 원소다. 고대 로마에서는 이미 납으로 만든 수도관이 사용되고 있었다고. 로마제국의 멸망이 납중독 때문이라는 설이 있을 정도로 독성이 강하다. 자동차 배터리에 사용하는 납축전지, 용수철, 거울 등 용도가 다양한데, 독성과 자원고갈 문제 때문에 세계적으로 납의 사용을 제한하는 움직임이 일고 있다. 라틴어의 '액체 은(plumbum)'에서 유래.

녹는점	327.50 ℃
끓는점	1740 ℃
밀도	11.35 g/cm³

83 비스무트 Bismuth

【bízməθ】
발견: 1753년

Bi

납의 뒤를 이은 견실한 후계자

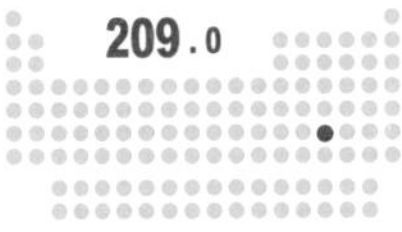

209.0	6	녹는점	271.3 ℃
		끓는점	1560 ℃
	15	밀도	9.747 g/cm³

합금에 사용되는 외에, 위궤양을 억제하거나 설사를 멈추게 하는 등 의약품으로도 활약하는 원소다. 납과 비슷한 성질 때문에 최근에는 납의 대체원소로도 활약 범위를 넓히고 있다. 라틴어의 '녹는다(bisemutum)'에서 유래.

84 폴로늄 Polonium

【pəlóuniəm】
발견: 1898년

Po

천연원소 제일의 파괴력!

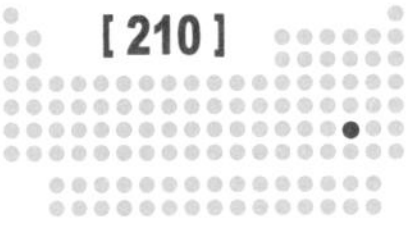

[210]	6	녹는점	254 ℃
		끓는점	962 ℃
	16	밀도	9.32 g/cm³

퀴리 부부가 처음 발견한 천연 방사성 원소로 폴란드(Poland)에서 이름을 따왔다. 방사능은 우라늄의 약 330배나 된다. 2006년에 러시아의 전직 연방보안부 요원이 독극물 테러로 암살당하면서 화제가 되었다. 담배 연기에도 극소량이 포함되어 있다고 한다.

85 아스타틴 Astatine

【æstətiːn】
발견: 1940년

At

할로겐족의 최후의 무사

[210]

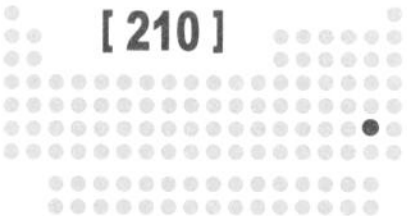

6	녹는점	302 ℃
17	끓는점	337 ℃
	밀도	... g/cm³

천연에 존재하는 원소 중 가장 미량으로, 인공 합성되어 있다. 수명이 짧아 금방 붕괴되기 때문에 성질 등을 살피기가 어렵다. 할로겐족으로 유일하게 방사성을 가지고 있다. 그리스어의 '불안정한(astatos)'에서 유래.

86 라돈 Radon

【réidɑn】
발견: 1900년

Rn

목욕을 좋아하는 뚱뚱보

[222]

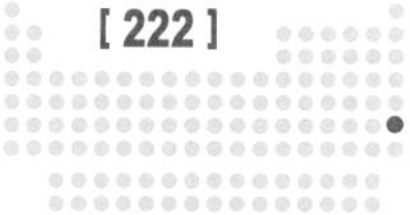

6	녹는점	-71 ℃
18	끓는점	-61.8 ℃
	밀도	0.00973 (기체, 0℃) g/cm³

상온에서 기체인 원소 중 가장 무겁다. 광물에 포함된 라돈이 지하수에 조금씩 녹아 있는 온천을 '라돈온천'이라 한다. 이 온천은 건강에 효능이 좋다고 알려져 있다. 그리스어의 '반짝이는(nitens)'에서 유래.

주기

PERIOD

7

원자번호

ATOMIC NUMBER

87→118

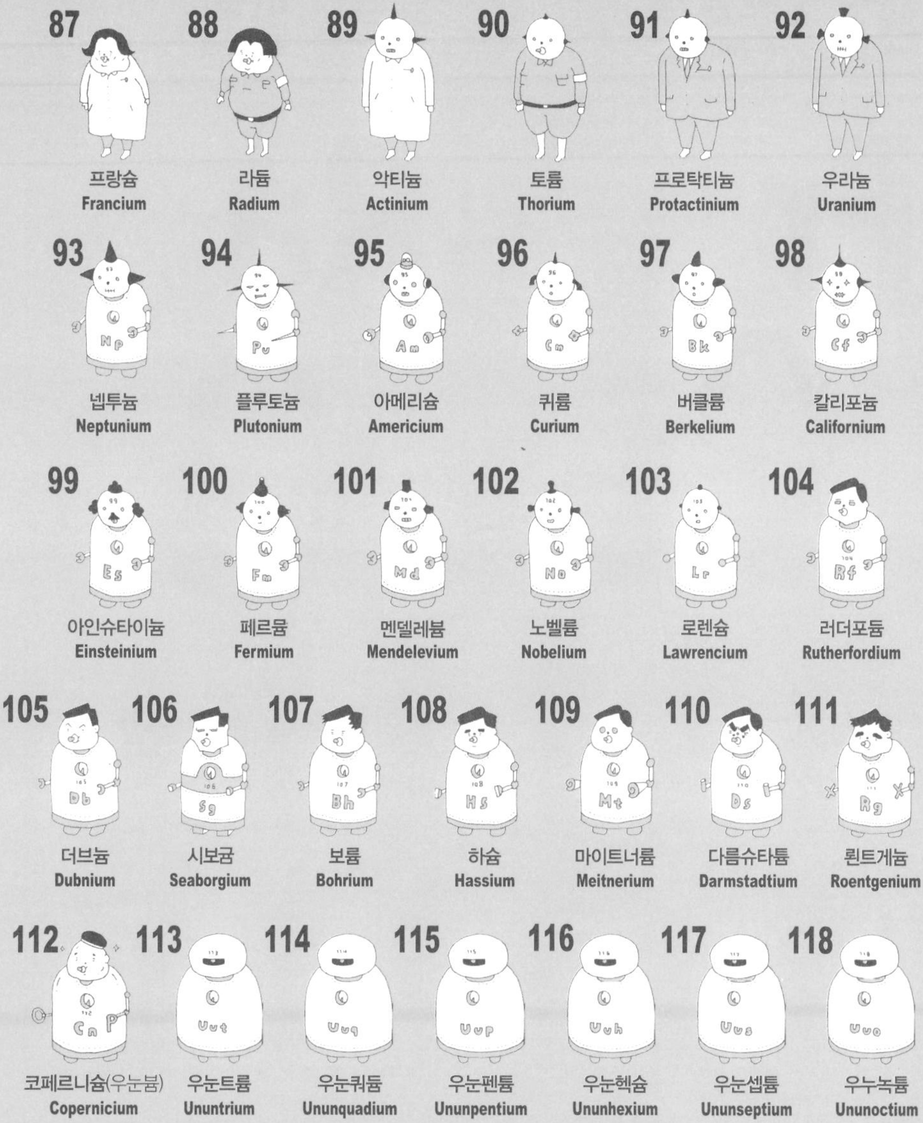
87
프랑슘
Francium
88
라듐
Radium
89
악티늄
Actinium
90
토륨
Thorium
91
프로탁티늄
Protactinium
92
우라늄
Uranium
93
넵투늄
Neptunium
94
플루토늄
Plutonium
95
아메리슘
Americium
96
퀴륨
Curium
97
버클륨
Berkelium
98
칼리포늄
Californium
99
아인슈타이늄
Einsteinium
100
페르뮴
Fermium
101
멘델레븀
Mendelevium
102
노벨륨
Nobelium
103
로렌슘
Lawrencium
104
러더포듐
Rutherfordium
105
더브늄
Dubnium
106
시보귬
Seaborgium
107
보륨
Bohrium
108
하슘
Hassium
109
마이트너륨
Meitnerium
110
다름슈타튬
Darmstadtium
111
뢴트게늄
Roentgenium
112
코페르니슘(우눈븀)
Copernicium
113
우눈트륨
Ununtrium
114
우눈쿼듐
Ununquadium
115
우눈펜튬
Ununpentium
116
우눈헥슘
Ununhexium
117
우눈셉튬
Ununseptium
118
우누녹튬
Ununoctium

87 프랑슘
Francium

【frǽnisəm】
발견: 1939년

Fr

하루살이보다 짧은 인생!

[223]	7	녹는점	27 ℃
		끓는점	677 ℃
	1	밀도	··· g/cm³

천연에 존재하는 방사성 원소 중 가장 수명이 짧다. 아무리 오래 살아도 21분 정도다. 상온에서는 고체의 금속으로 추정되지만 단명인 탓에 확인이 불가능하다. '프랑스(France)'에서 유래.

88 라듐
Radium

【réidiəm】
발견: 1898년

Ra

은인의 목숨을 앗아간 비운의 운명

[226]	7	녹는점	700 ℃
		끓는점	1140 ℃
	2	밀도	약 5 g/cm³

1898년에 퀴리 부인이 목숨과 맞바꾸어 발견한 원소다. 그녀는 라듐 연구로 1911년 노벨 화학상을 수상했는데, 후에 라듐 방사성에 의한 백혈병으로 사망했다. 라틴어의 '광선(radius)'에서 유래.

89 악티늄 Actinium

Ac

최초의
악티늄계열

[227]

7 / 3	녹는점 1047 ℃
	끓는점 3197 ℃
	밀도 10.06 g/cm^3

90 토륨 Thorium

Th

미래의
핵연료 기대주

232.0

7 / 3	녹는점 1750 ℃
	끓는점 4787 ℃
	밀도 11.72 g/cm^3

91 프로탁티늄 Protactinium

Pa

오스트리아의
마이트너와
독일의 한이 발견

231.0

7 / 3	녹는점 1840 ℃
	끓는점 4030 ℃
	밀도 15.37 g/cm^3

92 우라늄 Uranium

U

원자력발전과
핵무기로!

238.0

7 / 3	녹는점 1132.3 ℃
	끓는점 3745 ℃
	밀도 18.95 g/cm^3

93 넵투늄
Neptunium

Np

우라늄보다
무거운
초우라늄 원소

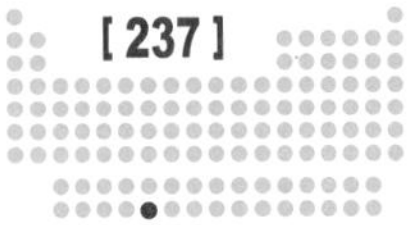
[237]

7	녹는점	640 ℃
—	끓는점	3902 ℃
3	밀도	20.25 g/cm³

94 플루토늄
Plutonium

Pu

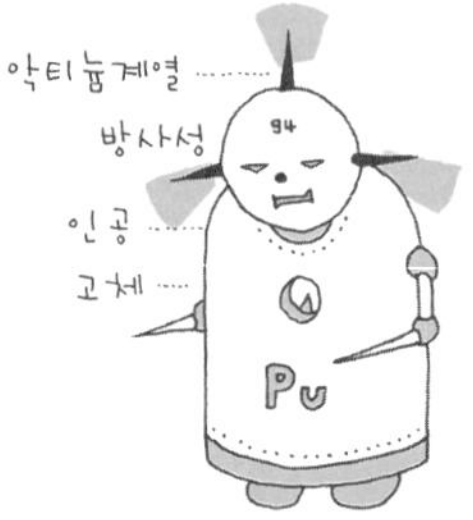

무기!
원자력발전의
핵에너지!

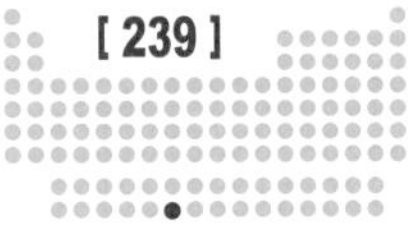
[239]

7	녹는점	641 ℃
—	끓는점	3232 ℃
3	밀도	19.84 (25℃) g/cm³

95 아메리슘
Americium

Am

연기감지를
이용한
화재경보기

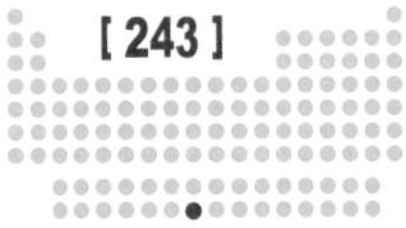
[243]

7	녹는점	1172 ℃
—	끓는점	2607 ℃
3	밀도	13.67 g/cm³

96 퀴륨
Curium

Cm

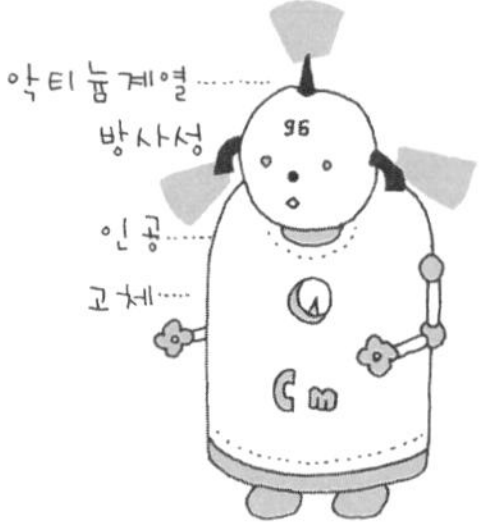

퀴리 부부의
이름에서 유래

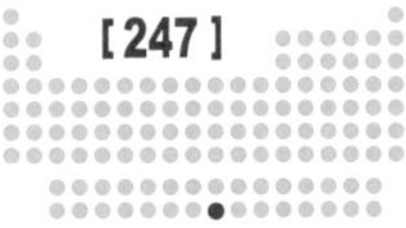
[247]

7	녹는점	1337 ℃
—	끓는점	3110 ℃
3	밀도	13.3 g/cm³

97 버클륨
Berkelium

Bk

캘리포니아 대학
버클리 캠퍼스에서
만들어짐

[247]

7	녹는점	1047 ℃
3	끓는점	… ℃
	밀도	14.79 g/cm^3

98 칼리포늄
Californium

Cf

초고가!
1그램,
약 1조원?!

[252]

7	녹는점	897 ℃
3	끓는점	… ℃
	밀도	15.1 g/cm^3

99 아인슈타이늄
Einsteinium

Es

수소폭탄
실험에서 발견

[252]

7	녹는점	860 ℃
3	끓는점	… ℃
	밀도	… g/cm^3

100 페르뮴
Fermium

Fm

원자로의 개발자
페르미에서 유래

[257]

7	녹는점	… ℃
3	끓는점	… ℃
	밀도	… g/cm^3

101 멘델레븀 Mendelevium

Md

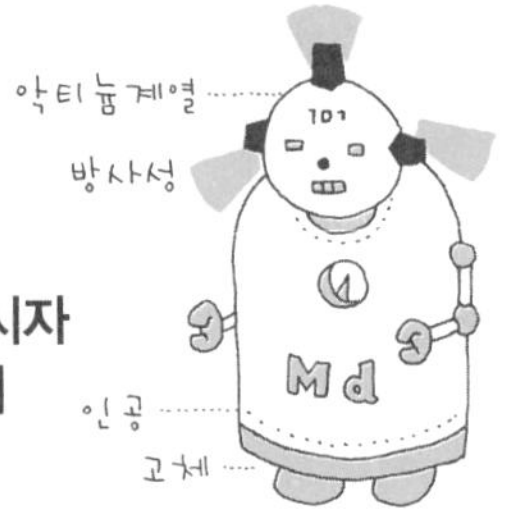

주기율표의 창시자
멘델레예프에서
이름 붙여짐

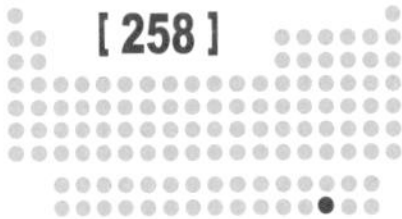

[258]

7	녹는점 … ℃
	끓는점 … ℃
3	밀도 … g/cm³

102 노벨륨 Nobelium

No

노벨상 창시자
이름을 따옴

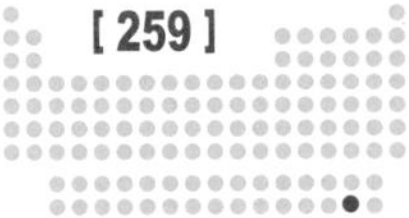

[259]

7	녹는점 … ℃
	끓는점 … ℃
3	밀도 … g/cm³

103 로렌슘 Lawrencium

Lr

물리학자
로렌스에서 유래

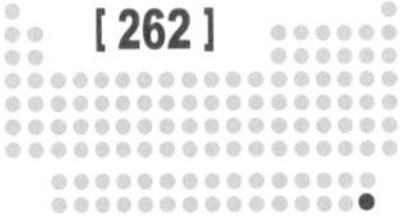

[262]

7	녹는점 … ℃
	끓는점 … ℃
3	밀도 … g/cm³

104 러더포듐 Rutherfordium

Rf

원자구조의 발견자
러더퍼드에서
이름 붙여짐

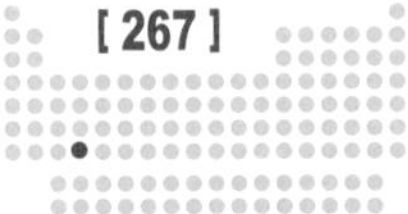

[267]

7	녹는점 … ℃
	끓는점 … ℃
4	밀도 23 g/cm³

105 더브늄 Dubnium

Db

러시아의 원자핵 연구소의 소재지 더브나에서 유래

[268]	7	녹는점	… ℃
		끓는점	… ℃
	5	밀도	29 g/cm³

106 시보귬 Seaborgium

Sg

9개의 원소를 합성한 화학자 시보그에서 이름 붙여짐

[271]	7	녹는점	… ℃
		끓는점	… ℃
	6	밀도	35 g/cm³

107 보륨 Bohrium

Bh

덴마크의 물리학자 보어에서 이름 붙여짐

[272]	7	녹는점	… ℃
		끓는점	… ℃
	7	밀도	37 g/cm³

108 하슘 Hassium

Hs

독일의 헤센주에서 유래

[277]	7	녹는점	… ℃
		끓는점	… ℃
	8	밀도	41 g/cm³

109 마이트너륨 Meitnerium

Mt

오스트리아의 여성 물리학자 마이트너가 발견

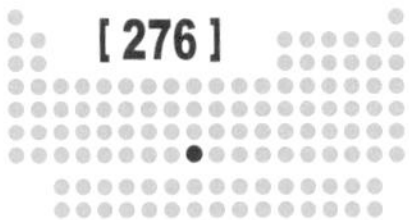

7	녹는점	··· ℃
9	끓는점	··· ℃
	밀도	··· g/cm^3

110 다름슈타튬 Darmstadtium

Ds

독일의 다름슈타트에서 유래

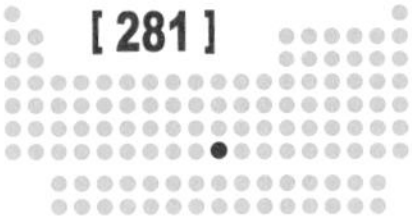

7	녹는점	··· ℃
10	끓는점	··· ℃
	밀도	··· g/cm^3

111 뢴트게늄 Roentgenium

Rg

X선을 발견한 물리학자 뢴트겐에서 유래

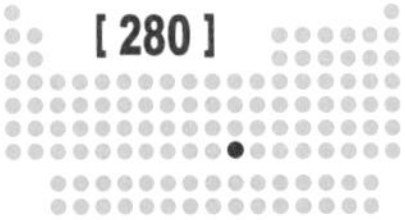

7	녹는점	··· ℃
11	끓는점	··· ℃
	밀도	··· g/cm^3

112 코페르니슘(우눈붐) Copernicium

Cn

지동설을 주장한 천문학자 코페르니쿠스에서 유래

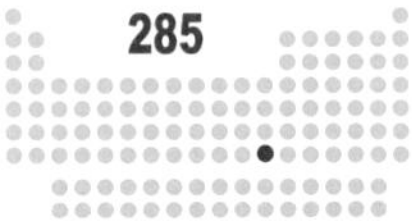

7	녹는점	··· ℃
12	끓는점	··· ℃
	밀도	··· g/cm^3

113 우눈트륨
Ununtrium

Uut

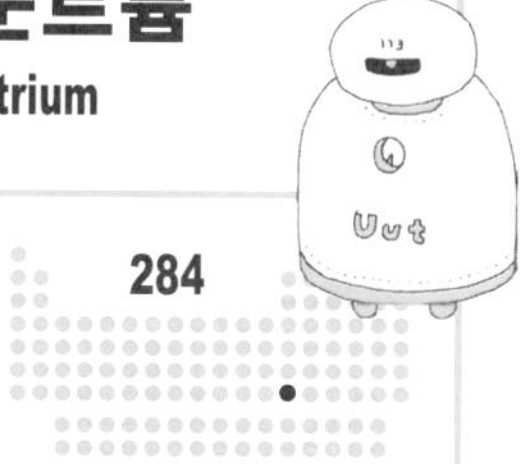

284

연구용 발견: 2004년

7 | 13

114 우눈쿼듐
Ununquadium

Uuq

289

연구용 발견: 1998년

7 | 14

115 우눈펜튬
Ununpentium

Uup

288

연구용 발견: 2003년

7 | 15

116 우눈헥슘
Ununhexium

Uuh

293

연구용 발견: 2000년

7 | 16

117 우눈셉튬
Ununseptium

Uus

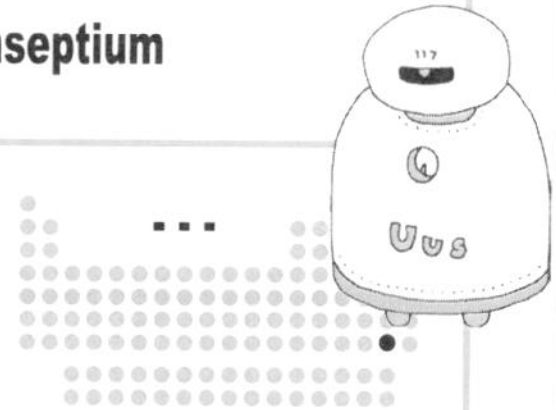

...

연구용 아직 발견되지 않음.

7 | 17

118 우누녹튬
Ununoctium

Uuo

294

연구용 발견: 2003년

7 | 18

원소의 가격 순위

시험약으로 판매되는 원소 가격 베스트 5.
원소에 따라 형태가 다르기 때문에 일반적으로
비교하는 것은 어렵지만, 1그램당 가격 순위는
대략 다음과 같아요. 우라늄이나 플루토늄 등
특수한 원소는 가격조차 매길 수 없어요.
이렇게 보면 금이나 백금은
싼 편에 속하지요.

1

Rh

45번, 로듐

600,000원

분말 99.9% 1g

2

Cs

55번, 세슘

524,000원

금속(봉입) 1g

3

Lu

71번, 루테튬

505,000원

작은 조각 99.9% 1g

4

Sc

21번, 스칸듐

459,000원

잉곳(ingot) 99.9% 1g

*ingot : 녹인 금속 또는 합금을
주형에 흘려 넣어 굳힌 것.

5

Tm

69번, 툴륨

331,000원

원형 작은 조각 1g

참고로 귀금속 가격은?

금	약 50,000원
백금	약 65,000원
은	약 800원

※ 모두 1g 가격
※ 2010년 8월 한국 기준

인간의 원가

인간은 과연 얼마일까요?
인체를 구성하고 있는 원소를 기준으로
인간의 가격을 매겨보았어요.
예를 들어 체중이 60kg이라고 했을 때
원가는 '13만원' 정도.
원가 더하기 부가가치는
어디까지나 본인하기 나름이지만요.

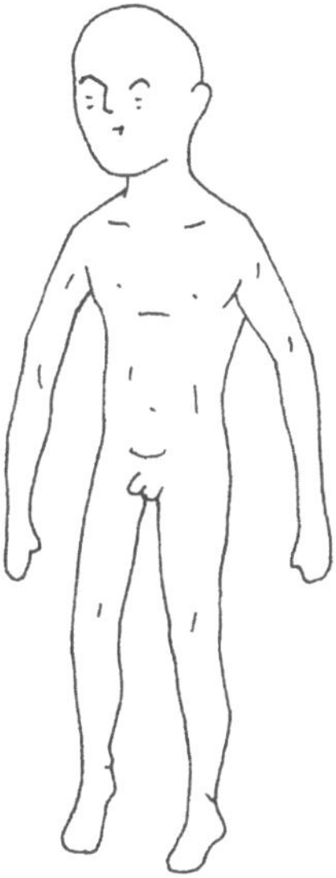

아연	5 원	0.12g을 실험용 약품 아연으로 환산
철	140 원	3g을 못으로 환산
나트륨과 염소	200 원	180g을 식염으로 환산
황	2880 원	120g을 실험용 약품 황으로 환산
인	3000 원	600g을 인산 비료로 환산
칼륨	6050 원	240g을 칼륨 비료로 환산
질소	7740 원	1,800g을 질소 비료로 환산
탄소	8960 원	10,800g을 바비큐용 숯으로 환산
칼슘	17660 원	900g을 실험용 탄산칼슘으로 환산
산소와 수소	39800 원	45,000g을 물로 환산
마그네슘	42000 원	30g을 실험용 약품 마그네슘으로 환산
	기타	

+

= 합계 약 **130000** 원

동료 원소

112개나 되는 원소들 중에는
성질이 비슷하거나,
서로 힘을 합해 파워를 발휘하는
팀들이 몇 개 있어요.
원소끼리도 궁합이 잘 맞는 사이가
따로 있는 모양이에요.

Na K Rb Cs

알칼리 폭발 사천왕

평화롭게만 보이는 4인. 하지만 물에 넣으면 대변신!!! 물과 격렬하게 반응해서 폭발해요. 그래서 보통 때는 석유 속에 보관한다고. 파괴력 순위는 낮은 것부터 나트륨(Na) → 칼륨(K) → 루비듐(Rb) → 세슘(Cs)이 최강!

Au Ag Cu

부와 영광의 세 메달

금, 은, 구리는 매장량이 많고, 가공하기 쉽고, 게다가 잘 변하지 않는 3박자를 골고루 갖춘 금속이에요. 이런 성질 때문에 세계 각국에서 화폐의 재료로 활약하고 있어요. 영광을 상징하는 올림픽 등의 메달로도 친숙해요.

Nd **Sm**

세계 최강의 자석

네오디뮴과 사마륨은 영구자석의 재료로 세계 1, 2위를 다투는 라이벌 관계예요. 현재 세계 최강의 자력을 자랑하는 것은 네오디뮴 자석이지만, 사마륨계 자석은 네오디뮴 자석보다 열에 강하고 내식성이 있어 다양한 용도로 쓰여요.

Si **Ge** **Sn**

디지털 반도체 트리오

규소, 게르마늄, 주석의 3가지 원소는 대표적인 반도체 소재예요. 일렉트로닉스의 기반으로 현대 기술 개발을 가능하게 만든 소수 엘리트 조직이지요. 컴퓨터 등 디지털기기를 사용할 때 이들을 기억해 주세요.

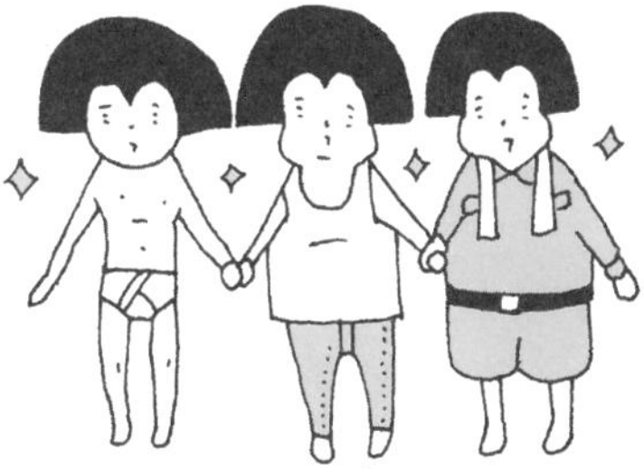

Ca **Sr** **Ba**

'카스바'의 3형제

원소들 중 성질이 매우 비슷한 3개의 원소가 거의 같은 간격의 원자량으로 나열되어 있는 것을 볼 수 있는데, 이들 3원소의 조를 3조 원소(triad)라고 불러요. 칼슘, 스트론튬, 바륨도 그중 하나로, 이니셜을 따서 '카스바'라고 해요.

* 카스바는 세계유산으로 지정된 아름다운 마을과 거리로 유명한 알제리의 해변.

세상을 떠들썩하게 한 원소

순수한 물질로는 별로 위험하지 않은 원소인데,
다른 원소와 결합했을 때 상상을 초월할 정도의
힘을 발휘하는 원소들이 있어요. 근래,
세상을 떠들썩하게 한 물질을
예를 들어 살펴볼게요.

$C_2H_8NO_2PS$

메타미도포스

중국에서 수입된 식재료에 잔류 농약성분이 검출되어 문제가 된 물질. 다양한 종류의 원소가 관련되어 있어요.

As_2O_3 (As_4O_6)

아비산

'삼산화이비소'라고도 불리며, 나폴레옹 암살에 사용되었다고 해요.

HCHO

포름알데히드

건물 안의 공기 오염 등이 인체에 해를 끼치는 이른바 '새집증후군'의 원인 물질이에요.

KCN

청산칼리

정식 이름은 '사이안화칼륨'이에요. 무척 간단한 조합이지만 역사적으로 악명 높은 독약이지요.

$C_4H_{10}O_2FP$

사린

화학식만 보면 수소나 산소 등 친숙한 원소가 나열되어 있는데, 의외로 무서운 파괴력을 지닌 신경가스로 변신해요.

정리
합시다!
아~
드디-어
끝났-다.
수고하셨...
아- 여보세요?
꽈당!

4

HOW TO EAT ELEMENTS
원소 섭취방법

우리 몸은 원소로 이루어져 있어요.

그것도 자그마치 약 34종류!

지금까지 소개한 원소 중 3분의 1 이상이 우리 몸속에 존재해요.

원소를 먼 나라 이야기로 생각하기 쉬운데 알고 보면,

우리 자신이 원소의 보물창고예요.

다음의 원소 지도를 보면, 스트론튬이나 몰리브데넘과 같은

평소에 잘 들어보지 못한 원소가 많이 포함되어 있어요.

놀랍게도 맹독의 대명사인 비소도 있네요.

그 외 카드뮴, 베릴륨, 라듐 등도 역시 우리 몸속에 들어 있어요.

이러한 원소들은 우리 몸속에서 스스로 만들어진 건 아니에요.

음식이든 뭐든 먹어서 생긴 거랍니다.

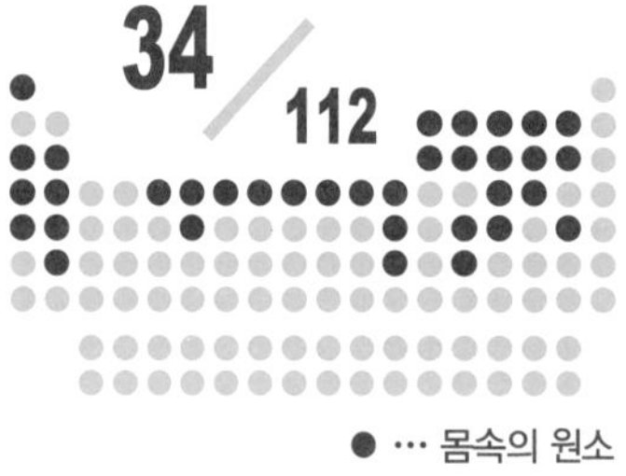

몸속의 원소

H 수소
B 붕소
C 탄소
N 질소
O 산소
F 플루오린
Na 나트륨
Mg 마그네슘
Al 알루미늄
Si 규소
P 인
S 황
Cl 염소
K 칼륨
Ca 칼슘
V 바나듐
Cr 크로뮴
Mn 망가니즈
Fe 철
Co 코발트
Ni 니켈
Cu 구리
Zn 아연
As 비소
Se 셀레늄
Rb 루비듐
Sr 스트론튬
Mo 몰리브데넘
Cd 카드뮴
Sn 주석
I 아이오딘
Ba 바륨
Hg 수은
Pb 납

일반인을 대상으로 했을 때 몸의 구성은 65%가 산소, 18%가 탄소, 10%가 수소예요.

아니? 거의 100%잖아!

실은, 34종류의 원소 중 28종류는 함유량이 각각 1%도 안 되는 미량에 불과해요.

하지만 양이 적다고 해서 무시할 것은 아니고요, 오히려 그 반대예요.

99.9%의 원소가 있다해도,

단 0.1%의 원소가 부족해 죽을 수도 있기 때문이지요.

이처럼 양은 적어도 몸에 있어서 중요한 원소를 '미량원소'라고 해요.

이들 대부분은 금속원소이며,

이 중에서 특히 중요한 원소를 '생체 금속원소'라고 해요.

통칭 '미네랄'

미네랄은 약 같은 화합물이 아니에요.

인류, 아니 생물이 살아가는 데 있어서 반드시 필요한 원소라고 할 수 있어요.

↓ 다량 원소

★ 인

1.0 %

★ 칼슘

1.5 %

질소

3.0 %

수소

10 %

탄소

18 %

산소

65 %

★ = 미네랄

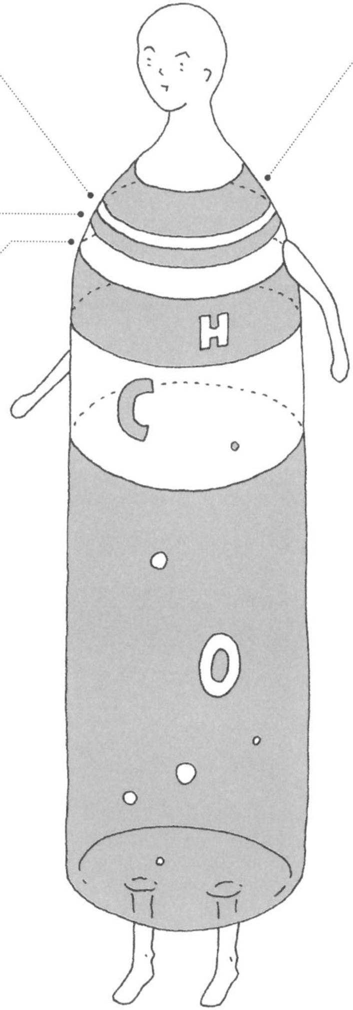

기타

1.5 %

↓ 소량원소

★ 황
★ 칼륨
★ 나트륨
★ 염소
★ 마그네슘

↓ 미량원소

★ 철
★ 플루오린
규소
★ 아연
스트론튬
루비듐
납
★ 망가니즈
★ 구리

↓ 초미량원소

알루미늄
카드뮴
주석
바륨
수은
★ 셀레늄
★ 아이오딘
★ 몰리브데넘
니켈
붕소
★ 크로뮴
비소
★ 코발트
바나듐

현재 17종류의 원소가 미네랄로 인정받았어요.
미네랄은 앞장서서 여러 가지 원소를 알맞게 조합시키거나
다양한 반응을 조정하는 역할을 해요.

말하자면 몸속의 사령탑

오케스트라로 말하면 지휘자며, 공항이라면 관제탑이라 할 수 있어요.
회사라면 사장! 이것이 바로 미네랄이지요.
철분이 부족하면 빈혈이 일어나고, 칼슘이 부족하면 안절부절 못해요.
사령탑이 없어지면 그야말로 몸이 제대로 기능할 수 없게 되지요.

하지만 많다고 좋은 것도 아니다.

미네랄은 적은 양으로도 괜찮아요.
지휘자가 너무 많으면 오히려 잘 돌아가지 않는 것과 마찬가지예요.
4장에서는 17종류의 미네랄의 작용과 미네랄을 균형 있게
섭취할 수 있는 음식을 함께 소개할게요.

Fe
Mineral
C
C
N
C
C
C
N
C
C
C
C
C
CH2
CH2
CH2
미네랄이 지휘자

Na

나트륨

포함된 음식

장아찌

된장

마른 생선

간장

소스류

부족하면…

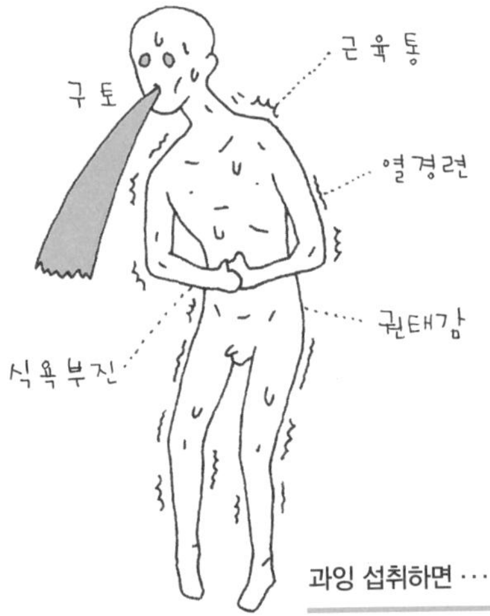

과잉 섭취하면…

고혈압, 위암 발생, 갈증, 고체온증 등

생명을 유지하는 데 꼭 필요한 미네랄

주로 소금(염화나트륨)으로 섭취한다. 현대 식생활에서 과다 섭취하기 쉬우므로 '저염식' 등으로 주의. 단, 땀을 많이 흘리거나 설사를 계속할 경우, 수분과 함께 배출되어 부족하기 쉽기 때문에 물뿐만 아니라 염분도 함께 섭취하는 게 좋다.

추정 평균 필요량
(1일 섭취)

600 mg

Mg
마그네슘

포함된 음식

부족하면 ···

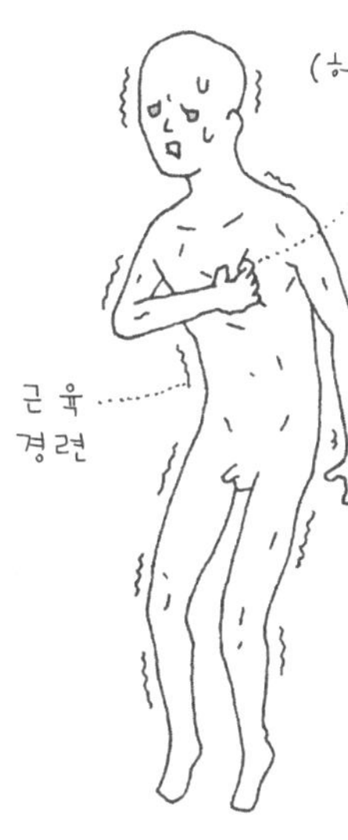

과잉 섭취하면 ···

경직, 설사, 저혈압 등. 위장질환이 있는 사람은 주의를.

몸을 만든다! 육체파 원소

뼈나 근육 속에 있으며, 주된 역할은 뼈의 성장, 뇌와 갑상선 기능의 유지 등 체내의 다양한 효소를 활성화시킨다. 만성 알코올 중독인 사람이 술을 많이 마실 경우 소변과 함께 배출되므로 주의.

권장량
(1일 섭취)

남성
320 ~ 370 mg

여성
260 ~ 290 mg

K

칼륨

포함된 음식

부족하면 · · ·

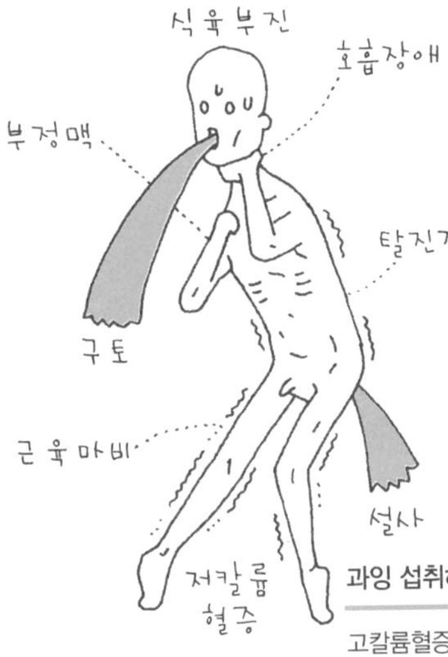

과잉 섭취하면 · · ·

고칼륨혈증, 부신피질 기능부전, 요독증, 요로 폐쇄

다양한 효용을 지닌 멀티 플레이어

단백질 합성이나 세포 안팎의 수분 조정, 여러 가지 신호 전달 등, 몸속에서 동분서주하는 원소다. 과다 섭취했을 때는 신장에서 배출되는데, 신장에 질환이 생기면 과잉 상태가 되어 고칼륨혈증 등을 일으킨다.

권장량
(1일 섭취)

남성
2500 mg

여성
2000 mg

Ca

칼슘

포함된 음식

부족하면···

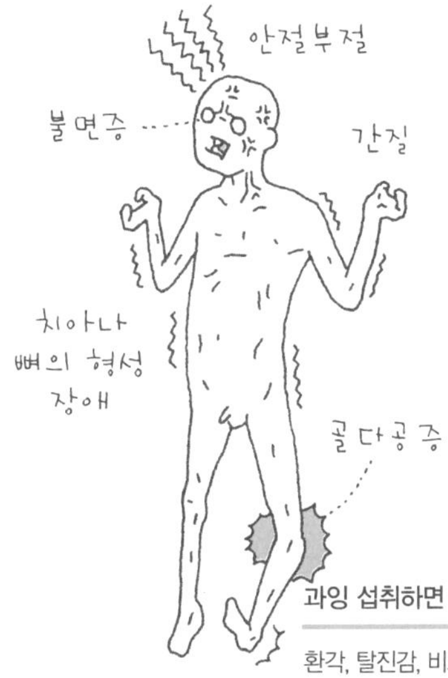

과잉 섭취하면···

환각, 탈진감, 비뇨기계 결석, 기타 미네랄의 호흡장애, 고칼슘혈증 등

뼈를 튼튼하게 만드는 믿음직한 기둥

뼈나 치아를 만드는 데 꼭 필요한 원소로 잘 알려져 있는데, 그 밖에 미세한 효과도 많다. 마그네슘과 짝을 이루어 작용하는 경우가 많으므로 함께 섭취하면 효과 UP. 또 비타민D와 함께 먹으면 체내 흡수가 잘된다.

권장량
(1일 섭취)

남성
650 ~ 800 mg

여성
600 ~ 650 mg

P

인

포함된 음식

부족하면 · · ·

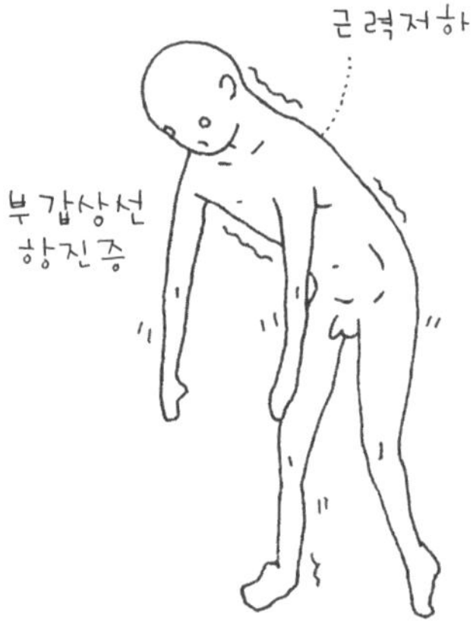

과잉 섭취하면 · · ·

칼슘흡수장애, 부갑상선기능항진증, 신장기능 저하

DNA를 만드는 두뇌파 원소

성냥의 발화제로도 알려져 있는 인. 체내에서는 유전정보를 담당하는 DNA를 비롯하여 세포막이나 신경조직에도 포함되어 있다. 햄 등 가공식품의 첨가물이나 음료의 보존제로 사용이 많아지면서 과잉 섭취에 대한 염려가 지적되고 있다.

권장량
(1일 섭취)

남성
1000 mg

여성
900 mg

Zn

아연

포함된 음식

부족하면 …

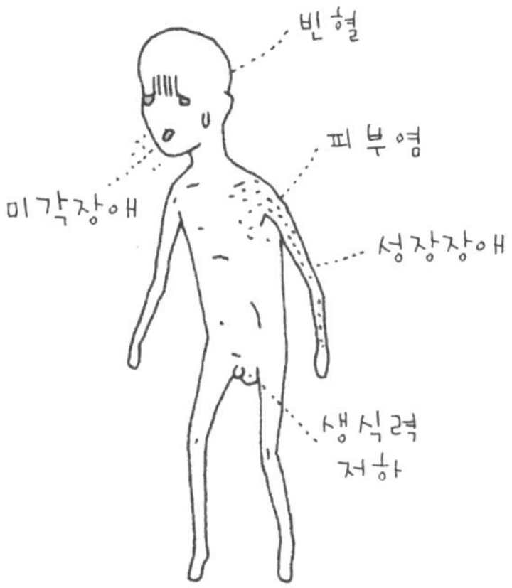

과잉 섭취하면 …

위장 자극, 저혈압, 빈뇨, 빈혈, 췌장 이상, LDL의 증가, HDL의 감소, 면역기능의 저하, 두통, 구역질, 복통, 설사

'성장'을 돕는 어머니 원소

유전정보를 바르게 전달하거나 발현시키는 데 필요하다. 단백질 합성에도 관계가 있다. 특히, 성장기 때 부족하면 2차 성징에 장애를 일으켜 이후 인생에 큰 영향을 미칠 수 있다.

권장량
(1일 섭취)

남성
11 ~ 12 mg

여성
9 mg

Cr

크로뮴

포함된 음식

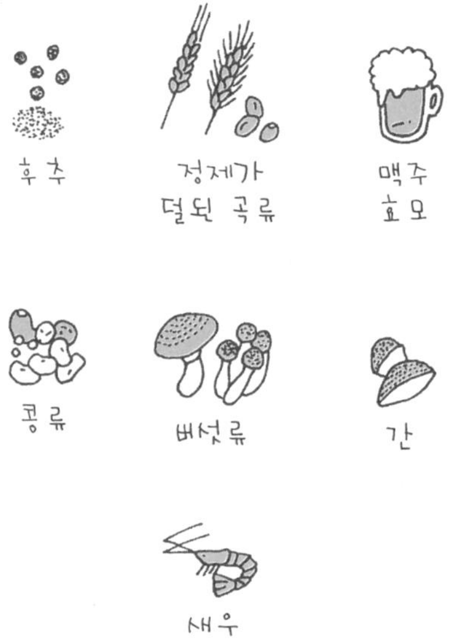

부족하면···

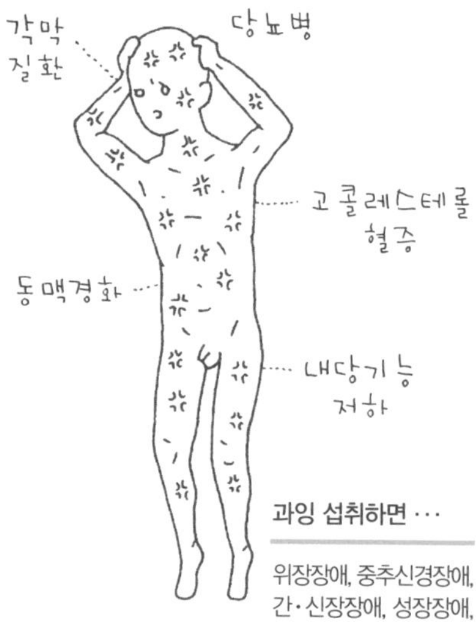

과잉 섭취하면···

위장장애, 중추신경장애, 간·신장장애, 성장장애, 폐암 발생 등

당뇨병을 막는 혈당치 수호신

식품의 크로뮴은 대부분 '3가 크로뮴'으로 당이나 콜레스테롤, 단백질 대사에 꼭 필요한 미네랄이다. 부족하면 당뇨병이나 고콜레스테롤혈증에 직결한다. 섭취량은 극히 미량으로 보통 때의 식사로 충분하다.

권장량
(1일 섭취)

남성
35 ~ 40 μg

여성
25 ~ 30 μg

Se

셀레늄

포함된 음식

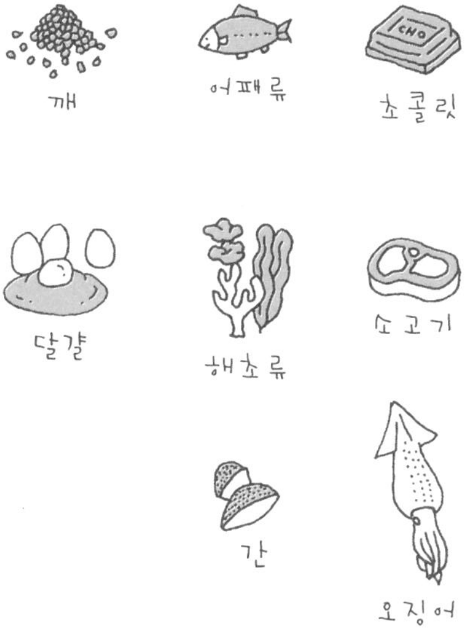

부족하면…

과잉 섭취하면…

피로감, 초조감, 구토증, 두통, 설사, 말초신경장애, 간경변증, 피부트러블, 탈모, 위장장애, 구토, 손톱변형

젊은 인생을 응원하는 서포터

항산화 작용이나 면역과 관련하여, 부족할 경우 생활습관병의 위험이 높아질 수 있다. 과잉 섭취하면 독성이 나타나서 손톱이 변형되거나 탈모를 일으킬 수도. 비타민E(견과류에 많다) 등과 함께 섭취하면 효과적이다.

권장량
(1일 섭취)

남성
30 μg

여성
25 μg

Mo

몰리브데넘

포함된 음식

부족하면 · · ·

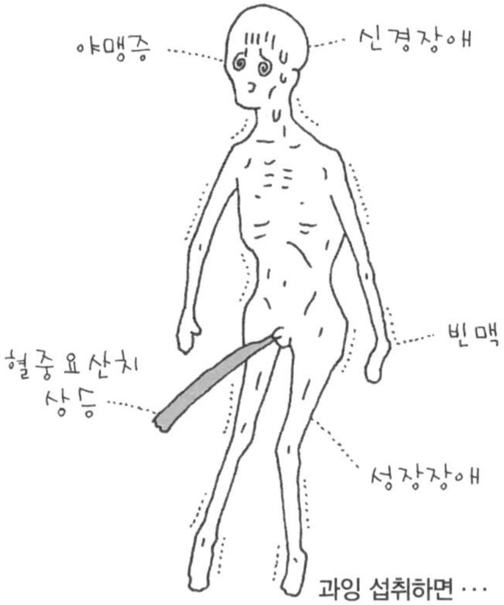

과잉 섭취하면 · · ·

성장장애, 신경증, 통풍, 빈혈 등

효소를 서포트! 몸의 정비공

주로 체내의 효소 작용과 관련하거나 철분 작용을 높여 빈혈을 막는 역할을 한다. 필요량은 미량으로 일상의 식생활에서 부족할 염려는 없다. 특히 우유에 많은데, 1L당 25~75mg이나 들어 있다고 한다.

권장량
(1일 섭취)

남성
25 ~ 30 μg

여성
20 ~ 25 μg

Fe

철

포함된 음식

부족하면 · · ·

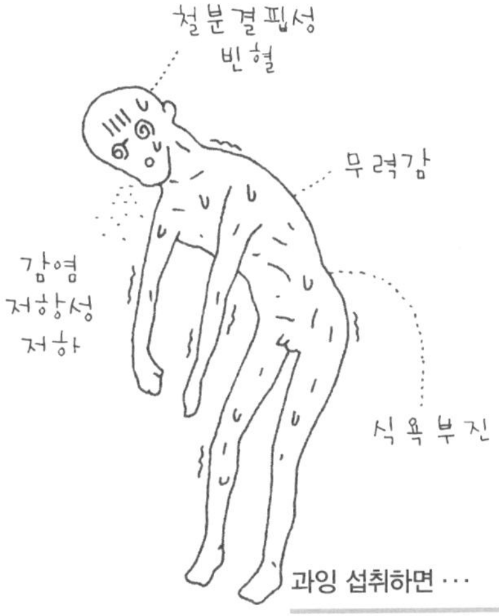

과잉 섭취하면 · · ·

철침착증, 구토, 설사, 쇼크 증상, 위장장애(변비, 구토증, 구토), 안구철증 등

매일 컨디션을 조절해 주는 미네랄 소다

고대 그리스 시대부터 인체와의 관계가 알려져 왔으며, 체내의 철 중 약 65%가 혈액 속에 있다. 부족하기 쉬운 미네랄이며, 비타민C와 함께 섭취하면 흡수하기 쉽다. 반대로 녹차나 커피(타닌 포함)는 흡수를 방해한다.

권장량
(1일 섭취)

남성
7.0 ~ 7.5 mg

여성
6.0 ~ 11.0 mg

I

아이오딘

포함된 음식

해초류

어류

부족하면···

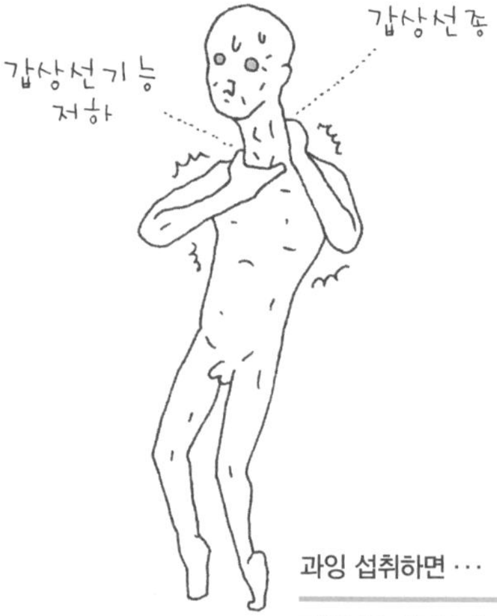

과잉 섭취하면···

갑상선종, 갑상선기능항진증의 악화 등

'생명력'을 만드는 파워 펌프

인체의 대사나 자율신경을 조절하는 갑상선 호르몬을 구성하는 중요한 원소다. 식욕과 심신 전반에 영향을 미치는 미네랄로 해산물에 많이 포함되어 있다. 미국 등 대륙 내부에서는 부족하기 쉽다고 한다.

권장량
(1일 섭취)

130 μg

Cu

구리

포함된 음식

부족하면···

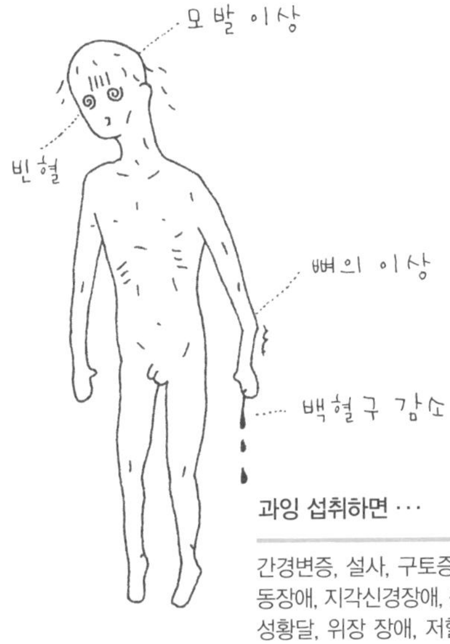

과잉 섭취하면 ···

간경변증, 설사, 구토증, 운동장애, 지각신경장애, 용혈성황달, 위장 장애, 저혈압, 혈뇨, 무뇨 등

심근경색 방지와 장수를 위해

미네랄이란 이미지가 약할지 모르나 성인의 몸에는 약 100mg정도가 들어 있으며, 뇌, 간장, 신장, 혈액 등에도 포함되어 있다. 심근경색이나 동맥경화의 예방효과가 있음이 확인되었다. 중 · 노년기에는 특히 어패류를 많이 먹자.

권장량
(1일 섭취)

남성
0.8 ~ 0.9 mg

여성
0.7 mg

Mn

망가니즈

포함된 음식

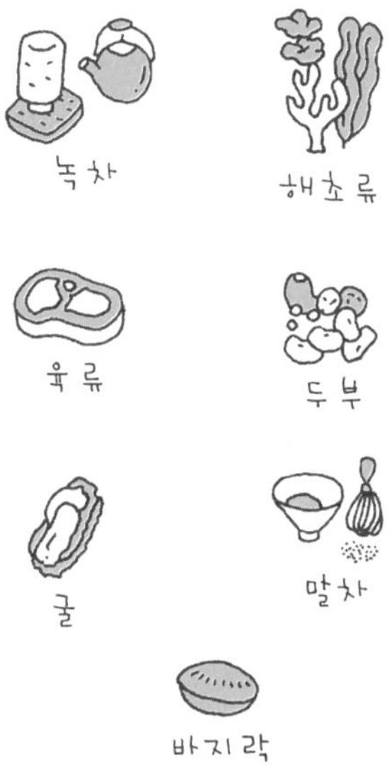

부족하면…

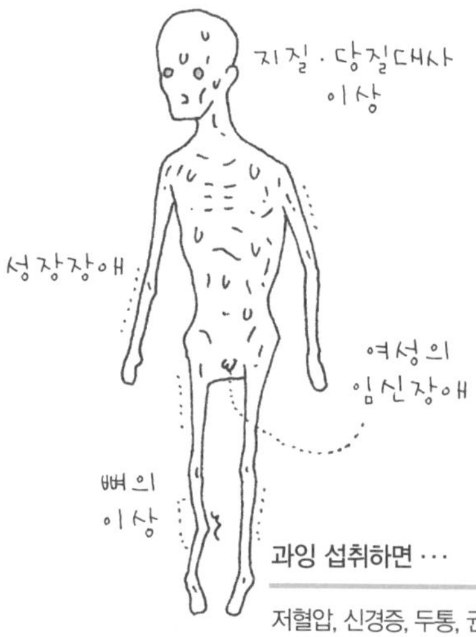

과잉 섭취하면…

저혈압, 신경증, 두통, 권태감, 운동 기능장애, 언어장애, 파킨슨증후군 등

중요한 조연 배우

체중이 70kg인 성인의 몸에는 약 12mg이 들어 있으며 임신, 성장, 운동 기능 등 여러 분야와 관련 있다. 실험용 쥐를 실험한 결과, 부족할 경우 수컷의 고환이 위축된다는 보고가 있다. 일반적인 식생활에서 과잉 또는 부족하기 어렵다.

권장량
(1일 섭취)

남성
4.0 mg

여성
3.5 mg

S
황
Sulfur

체내에서 단백질을 구성하는 아미노산에 들어 있으며, 다양한 체내 조직, 피부, 손톱, 모발 등의 건강을 유지하도록 돕는다. 부족할 경우 대사가 나빠지며, 피부염 등을 일으킬 수도. 달걀, 육류, 생선에 많이 포함.

권장량
(1일 섭취)

남성
10 ~ 12 mg

여성
9 ~ 10 mg

Cl
염소
Chlorine

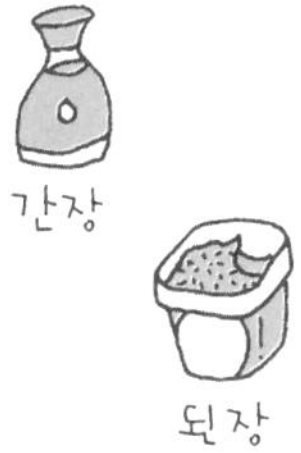

위에서 분비된 염산(위산)의 성분이 되며, 소화에 중요하다. 부족할 경우 소화불량을 일으킬 수 있으나, 소금으로 섭취하기 때문에 부족할 염려는 적다. 과잉섭취 역시 땀이나 소변과 함께 배출되므로 걱정 없다.

권장량
(1일 섭취)

특별히 없음

F
플루오린
Fluorine

체내에서 뼈나 치아가 정상적으로 유지하도록 도와준다. 플루오린화나트륨은 충치 예방의 효과가 있기 때문에, 수돗물에 미량을 첨가하기도 한다. 해산물이나 녹차의 찻잎에도 많이 들어 있다.

권장량
(1일 섭취)

특별히 없음

Co
코발트
Cobalt

비타민B_{12}에 많이 포함된 원소다. 어패류나 육류 등 동물성 단백질을 충분히 섭취하면 O.K. 부족하면, 철분을 잘 섭취해도 빈혈을 일으킬 수 있다. 잘 알려지지 않았지만 중요한 원소다.

권장량
(1일 섭취)

특별히 없음

아침밥 원소들

ELEMENTS IN BREAKFAST

※ C, H, O, N 이외의 미네랄을 표시했습니다.

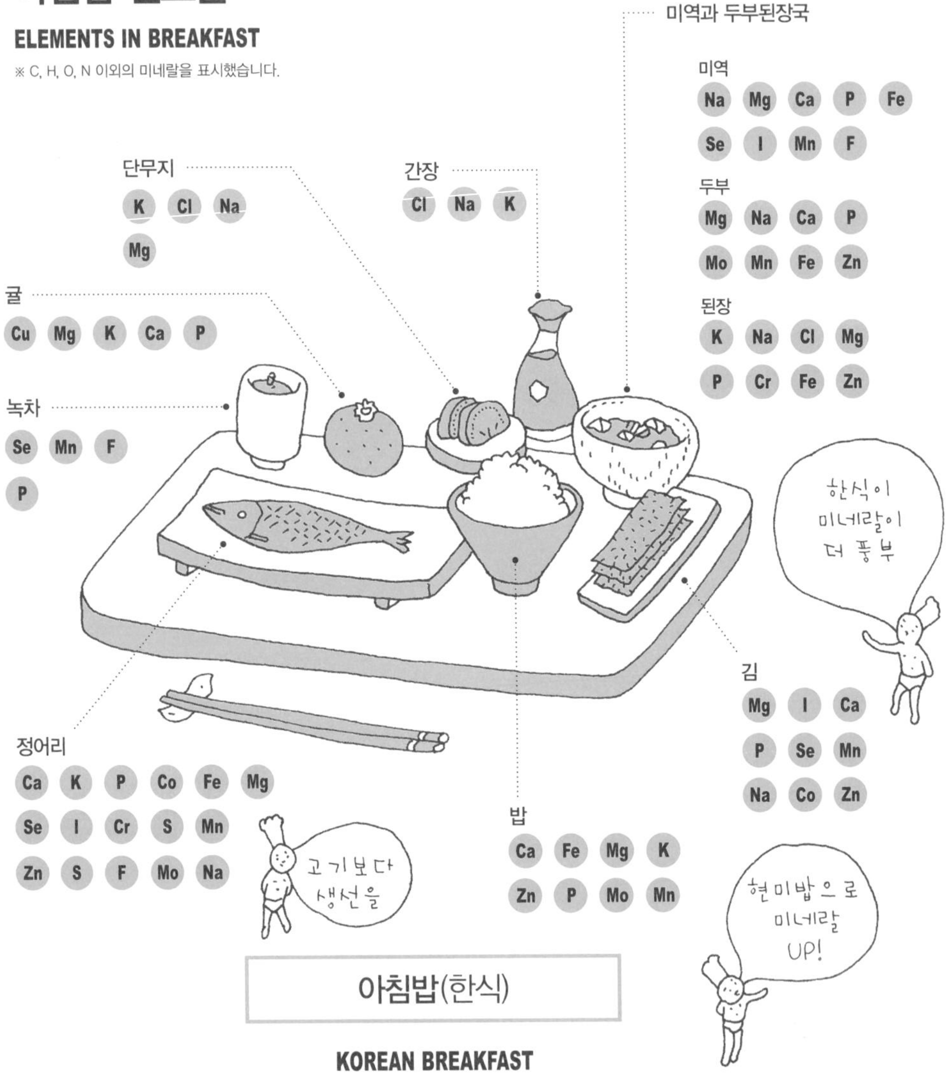

KOREAN BREAKFAST

샐러드

Ca K Fe Zn Mg Mn P

과일요구르트

요구르트

Ca Mo K Mg P I Co Na

과일

K Mg Cu Zn P

빵

P K Fe Na Cl Ca Mn

버터

Ca Mg Na K Co P Se Cu

옥수수스프

Ca Fe K Na P Zn Cu

베이컨과 달걀

베이컨

P Cl Mg Na K S

검은 후추

Cr K

달걀

Se Fe Ca P Cr S Zn Co K

커피

K

아침밥(양식)

EUROPEAN AND AMERICAN BREAKFAST

과로
예요.

5

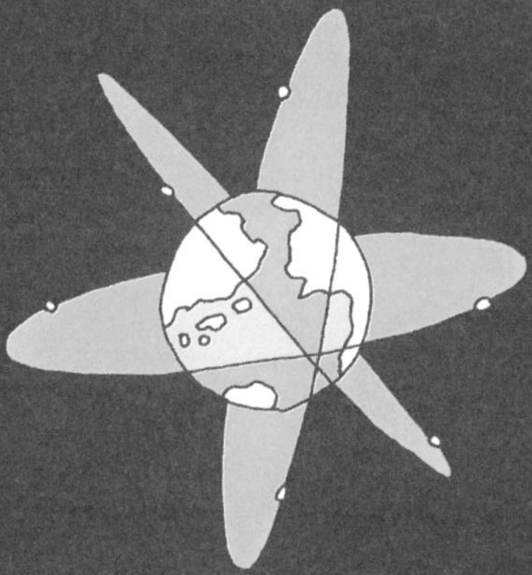

THE ELEMENTS CRISIS

원소 위기

지금까지 다양한 원소들을 살펴봤어요.

저마늄(Ge)처럼 과거에는 잘나갔는데 지금은 활동이 뜸한 원소도 있고,

인듐(In)처럼 최근 들어 인기가 치솟은 원소도 있어요.

인기가 너무 많아서 문제가 된 원소가 있다.

얼마 전까지만 해도 건전지라면 니켈(Ni) 전지였지만, 지금은 거의 리튬(Li) 전지예요.

니켈이 워낙 인기가 높아서 가격이 상승한 거죠.

액정 텔레비전에 필요한 인듐의 가격도 매년 오르고 있어요.

첨단 기술의 버팀목이 되는 원소 중 산출량이 적거나

추출하는 데 어려움을 겪는 금속원소를 '희유금속(rare metal)'이라고 한답니다.

지금 사용하는 희유금속은 거의 외국산

우리나라는 자원이 풍부한 나라가 아닌 거 알고 있나요?

희유금속 역시 대부분 외국에 의존하고 있기 때문에

만약 수입이 불가능하게 되면 큰일이 아닐 수 없어요.

Mo
In
Ni
W
Co
Pt
Ti
Ga
주요 희유금속

- 텅스텐이 없다면?

  → 물건을 만드는 데 필요한 공구를 만들 수 없다.

- 니켈이나 몰리브데넘이 없다면?

  → 스테인리스 제품을 만들 수 없다.

- 갈륨 등이 없어진다면?

  → 반도체를 만들 수 없다.

  → 컴퓨터도, 휴대전화도 만들 수 없다.

이처럼 몇 개 안 되는 원소가 세계경제나 생활을 좌우하고 있답니다.

원소 위기가 일어날지 모른다.

희유금속은 세계적으로 인기가 높아지고 있는 추세예요.
따라서 가격 폭등 등의 이유로 국내 유입에 어려움을 겪을 수도 있어요.
원소의 위기는 석유의 위기와 마찬가지로 매우 심각하답니다.
그래서 대비책도 마련 중인데요, 국가 차원에서 중요한 희유금속을 비축하거나,
다른 원소로 대용할 수 있도록 많은 연구가 활발히 진행되고 있어요.
하지만 지금 당장 원소 위기가 닥친다면 마땅한 대응책이 없는 게 사실이에요.
실제로, 국제적으로 중요한 문제가 아닐 수가 없어요.

텅스텐이 없으면 초강도
공구를 만들 수 없다.

제조업이
불가능하다.

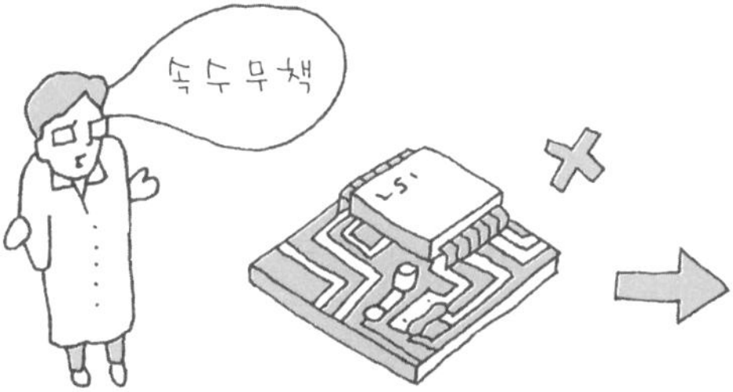

갈륨 등이 없어지면
반도체를 만들 수 없다.

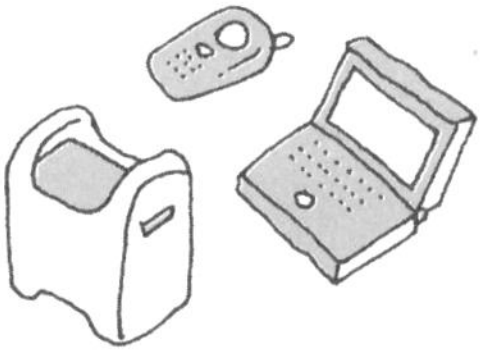

컴퓨터 등 첨단기기를
만들 수 없다.

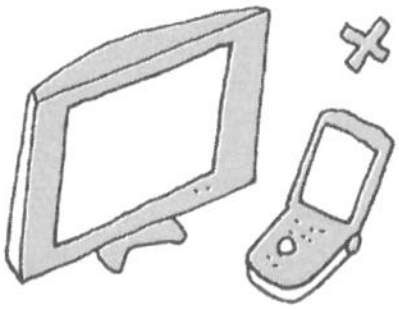

인듐이 없으면
액정 모니터를
만들 수 없다.

몰리브데넘이나
니켈이 없으면
스테인리스 제품을
만들 수 없다.

리튬이 없으면
전지를 만들 수
없다.

지금은 휴대전화를 비롯해 가전제품의 재활용이 적극적으로 이루어지고 있는데요.

재활용은 단순히 물건을 소중히 하자는 마음의 문제가 아니에요.

거기에 사용되는 희유금속을 재활용하지 않으면,

경우에 따라서 정말로 영영 사라져 버릴지도 몰라요.

원소는 만들 수 없다.

혹자는 말하지요.

“원소가 없어지면 만들면 되지?”라고.

수소를 어떻게 잘 이용해서 헬륨 같은 것을 만들 수 있지 않을까?

그거야, 전자와 양성자를 한 개 살짝 끼워 넣으면 간단할 것도 같아요.

그게 가능하면 원소가 아니다.

실은 원소를 다시 만들려면 핵반응이나 막대한 에너지가 필요해요.

핵반응은 방사능이나 방사성물질이 나오므로 극히 위험하고요.

원소는 간단히 만들거나 바꿀 수 없기 때문에 바로 원소랍니다.

원소가게
ELEMENT SHOP
루테늄 주세요.
금방 가져올테니 잠깐만 기다려요.
ALKALI
AU
Fe
특가
Pb
※ 있을 법하지만 상상 속의 풍경

현대 생활은 원소에 관한 지식과 응용하는 기술에 의해 유지되고 있어요.

주위를 보면 원소의 중요성을 크게 느끼지 못할 수도 있지만요.

반대로 말하면, 그만큼 가장 근본적인 부분을 원소가 담당하고 있다는 거지요.

미래는 모두가 과학자가 되는 시대

요즘 '저탄소사회'라는 말을 많이 듣는데요.

환경문제 역시 원소 수준에서 생각해 볼 필요가 있어요.

대기 중의 CO_2가 늘고 있는 문제를 원소의 관점에서 본다면,

땅속에 잠들어 있는 탄소를 사람들이 점점 대기 중에 방출하는 게 원인이에요.

희유금속을 잘 이해해서 재활용이나 분리수거에 힘쓰든지,

또는 우리가 원소 변환에 어떻게 관계하는지 의식하는

이른바 과학자의 눈이 어느 때보다 필요한 것 같아요.

우리 모두 과학자의 입장에서 원소와 자신의 생활을 한 번쯤 되돌아보면 좋겠어요.

그런 원소생활을 하길 바랄게요.

UNIVERSE
OUR
LIFE
ELEMENT

나오는 글

누구나 맨 처음 외운 원소가 있겠지요? 제가 맨 처음 외운 것은 '우라늄'이에요. 〈맨발의 겐(원제목; はだしのゲン)〉이란 영화를 통해서인데, 초등학교 때 엄마를 따라 근처 복지회관에 가서 이 영화를 봤지요. 이미 알고 계신 분들도 있을 테지만, 〈맨발의 겐〉은 원폭을 테마로 한 영화예요. 당시 초등학생이던 저는 충격이 컸던 탓에 영화가 끝난 후에 말도 제대로 할 수 없었고, 밤에 잠을 잘 수도 없었어요. 자나 깨나 '번쩍' 하는 강렬한 빛의 영상이 머리에서 떠나지 않았거든요. 그래서 원폭에 대해 많이 생각하게 되었지요. 단순한 지적호기심이 아니라, 제대로 알지 않으면 안 될 것 같았어요. 아무튼 무척이나 무서워하면서 우라늄이나 플루토늄과 같은 원소나 중성자, 전자 등의 원자 세계에 대해서 자세히 공부했어요. 원폭과 그 구조에 관해 알게 되면서 점차 두려운 마음도 옅어졌던 것 같아요.

실은 처음에 원소주기율표에 관한 저술 제의를 받고, 솔직히 '원소? 그게 나랑 무슨 상관이야!'라는 생각부터 들었어요. 제가 무지한 탓도 크겠지만, 어린 시절 원폭이 무섭다는 생각을 계기로 우라늄 원소에 대해서 열심히 조사했던 이유를, 지금의 생활 속에서는 쉽게 찾기 어려웠기 때문이에요. 이런저런 고민 중에 다행히 여러 전문가 선생님들의 조언을 들을 기회가 있었어요. 일본 이화학(理化學)연구소의 타마오 코헤이(玉尾皓平) 교수님, 스즈카(鈴鹿)

의료과학대학의 사쿠라이 히로무(櫻井洪) 교수님, 교토(京都)대학의 테라지마 타카히토(寺嶋孝仁) 교수님에게 자문을 구하고 감수를 받았어요. 원소의 위기와 인체, 금속 관계 등이 실은 전혀 무관하지 않을 뿐만 아니라 원소와 깊은 관련이 있다는 것을 배울 수 있었지요.

그때의 놀라움과 흥분을 생생하게 살린 것이 바로 이 책이에요. '원소, 그게 어쨌다고?'라고 생각하던 자신이 '이런 책이라면 한번 읽어보고 싶다'고 느낄 만큼 흥미와 정보를 함께 묶어 놓았어요.

2009년 6월 20일 요리후지 분페

옮긴이 후기

'이 세상은 무엇으로 만들어져 있을까?'라는 의문을 가져본 적 있나요? 혹시 이런 질문을 받는다면 당신은 어떻게 대답하겠어요?

고대 석학들 역시 같은 고민을 했답니다. 우선, 고대 그리스의 철학자들부터 볼까요?

기원전 6세기경 탈레스는 만물의 근원을 물이라고 보았으며, 기원전 5세기경 엠페도클레스에 의해 물질은 '불, 공기(바람), 물, 흙'으로 이루어졌다는 '4원소설'이 제창되었어요. 아리스토텔레스에 이르면 4대원소가 상호 변화할 수 있다는 주장으로 발전하지요. 이후 4원소설은 아주 오랫동안 계승되어 갔어요.

고대 인도의 케사캄발린 역시 물질의 최소단위를 4개 요소 즉 '땅, 물, 불, 바람'으로 보았어요. 고대 중국에는 우리가 잘 알고 있는 '음양 5행설'이 있지요. 세상은 음과 양으로 이루어져 있으며, 다시 '목(木), 화(火), 토(土), 금(金), 수(水)'라는 5가지 요소로 나눌 수 있다는 거예요.

세상이 무엇으로 이루어졌는가 하는 만물의 근원을 묻는 문제는 고대부터 근세에 이르기까지, 주로 철학과 종교적 입장에서 다뤄졌다고 할 수 있어요.

그런데 18세기 연금술의 발전으로 물질의 구조에 관한 원소의 새로운 역사가 시작되었어요. 보일이 실험에 의해 더 이상 분해할 수 없는 물질이 원소라고 정의를 내렸고, 황, 수은, 구리, 은 등을 원소라고 했어요. 그리고 1789년, 근대 화학의 아버지라 불리는 라부아지에가 당시 알려진 33개의 단체를 원소로 분류함으로써 구체적인 원소의 개념이 확립되었어요. 이후 100년이 채 안 되어 멘델레예프의 주기표가 발표되었답니다.

현재의 화학에서는 세상의 모든 것이 원소 112종류로 이루어져 있다는 것까지 밝혀냈습니다. 실험을 통해서 원소에 대해 많은 것을 알게 되었지만, 여전히 원소 자체는 눈에 잘 보이지 않아요. 원소라고 하면 고대 철학적 사상처럼 우주, 지구, 생물, 광물, …… 등 스케일이 커질 뿐이에요. 지구의 35%는 철, 30%는 산소, 15%는 규소이고, 인간의 경우 65%가 산소, 18%가 탄소, 10%가 수소라는 이야기는 들을수록 신비로운데요, 사실 이 원소들을 피부로 느끼기는 어려워요.

그런 점에서 이 책은 기존의 원소에 관한 책들과 조금 다릅니다. 저자는 화학 전문가가 아닌 일러스트레이터라는 점을 최대한 살려서 각각의 원소들의 특징과 쓰임새를 다양한 인간의 모습으로 유머러스하게 표현했어요. 덕분에 '이 세상의 살아있는 식물, 동물, 돌 들과 그것들로 만들어진 먹을거리들, 그리고 집이나 학교, 회사에서 쓰는 물건들 모두가 원소로 이루어져 있다.'는 사실을 일반인들도 확실하게 이해할 수 있게 되었어요. 화학·과학을 일상 속으로 끌어들이려는 노력의 대열 속에 이 책 한 권도 당당히 낄 수 있다고 자부합니다.

찾아보기(3장)

참고문헌

이 책을 집필하는 데 다음 문헌을 참고하였습니다.

원소 데이터

『理科年表(平成17年版)』 p.133/ 國立天文台/ 丸善(2005)

『エキスパート管理영養士養成シリーズ7 臨床病態학』 伊藤節子 編/ 化學同人(2004)

『エキスパート管理榮養士養成シリーズ8 食べ物と健康1』 池田淸和・柴田克己 編/ 化學同人(2004)

『新 食品・榮養科學シリーズ3 基礎榮養學』 西川善之・灘本知憲 編/ 化學同人(2003)

『日本人の食事엽取基準(2010年版)』「日本人の食事攝取基準」策定檢討會報告書 平成21年5月 厚生勞衡省

주기율표

『一家に1枚周期表(第4版)』 文部科學省(2009)

『주기율표 결정판』 뉴턴코리아, 2006. 10

원소의 역사와 기본

『元素 111の新知識 一引いて重寶, 讀んでおもしろい(第2版)』 櫻井弘 編/ 講談社ブルーバックス(2009)

『金屬はなぜ人體に必要か』 櫻井 弘 著/ 講談社ブルーバックス(1996)

『金屬なしでは生きられない―活性酸素をコントロールする』 櫻井弘 著/ 岩波書店(2006)

『元素の事典』 馬淵久夫 編/ 朝倉書店(1994)

『元素の話』 濟藤一夫 著/ 培風館(1982)

『化學の基本7法則』 竹內敬人 著/ 岩波書店(1998)

『元素を知る事典』 村上雅人 編著/ 海鳴社(2004)

『圖解入門 よくわかる最新元素の基本としくみ』 山口潤一郎 著/ 秀和システム(2007)

『圖解雜學 元素』 富永裕久 著/ ナツメ社(2005)

『目で見る元素の世界―身のまわりの元素を調べよう』

濟藤幸一 編/ 誠文堂新光社(子供の科學サイエンスブックス)(2009)

『元素の小事典(岩波ジュニア新書)』 高木仁三郎 著/ 岩波書店(1999)

『5年の科學10月號』 學習研究社(2006)

『目で見る化學―111種の元素をさぐる』 Robert Winston 著/ 相良倫子譯/ さえら書房(2008)

『元素蕪見の曆史 1, 2, 3』 Mary E. Weeks, Henry M. Leicester 著, 大沼正則監譯, 朝倉書店(1988～1990)

The Elements," 3rd Ed.,John Emsley, Oxford University Press(1998)

"Nature's Building Blocks: An A-Z Guide to the Elements," John Emsley, Oxford University Press(2001)

『元素の百科事典』 山崎昶譯/ 丸善(2003)

"A Guide to the Elements(second edition)," Albert Stwertka, Oxford University Press(2002)

지은이 **요리후지 분페** 寄藤文平

1973년 나가노현 출생. 일러스트레이터.

무사시노 미술대학 중퇴. JT광고 '어른 담배 양성 강좌'를 비롯하여, 광고나 표지 등에서 활약 중.

저서로 『죽음의 카탈로그 死にカタログ』(야마토쇼보), 『숫자의 자 數字のモノサシ』(야마토쇼보),

공저로 『어른 담배 양성 강좌 大人たばこ養成講座』(미술출판사), 『똥 떼굴 ウンココロ』(실업일본사),

『지진 일상의 노트 地震イツモノート』(키라쿠샤) 등이 있다.

www. bunpei.com

옮긴이

나성은 羅誠恩

성신여자대학교 인문과학연구소 연구원.

성신여자대학교 일어일문학과 졸업. 일본 동경학예대학 대학원에서 일본 고전문학 전공(박사학위).

저서로 『일본어 작문 1』, 『일본어 작문 2』(한국학술정보), 역서로 『핀란드 교육의 성공』(북스힐),

『지구 온난화 주장의 거짓과 덫』(북스힐) 등이 있다.

공영태 孔泳泰

진주교육대학교 과학교육과 교수.

경상대학교 화학교육과 졸업. 일본 요코하마 국립대학 대학원에서 물리화학 전공(박사학위).

부산대학교 대학원에서 화학교육 전공(박사학위). 저서로 『화학교재연구 및 지도』(자유아카데미),

『초등과학교육론』(교육과학사), 역서로 『핀란드 교육의 성공』(북스힐),

『지구 온난화 주장의 거짓과 덫』(북스힐) 등이 있다.

캐릭터로 배우는 재미있는 원소생활

발행일 2011년 4월 30일 초판 1쇄
2016년 10월 5일 초판 5쇄

지은이 요리후지 분페
옮긴이 나성은 · 공영태
발행인 조승식
발행처 도서출판 이치
등록번호 제9-128호
주소 01043 서울시 강북구 한천로 153길 17
홈페이지 www.bookshill.com
전자우편 bookswin@unitel.co.kr
전화 02-994-0583
팩스 02-994-0073

값 12,000원

ISBN 978-89-91215-07-8 (03430)